U0316037

陕蒙接壤矿区
深部富水工作面冲击地压
机理与防治研究

舒凑先　姜福兴　张修峰　著

北 京
冶 金 工 业 出 版 社
2020

内 容 简 介

全书共分7章，详细阐述了陕蒙接壤矿区深部富水工作面支承压力分布规律和顶板疏水对原岩应力分布的影响，深入研究了陕蒙接壤矿区深部富水工作面冲击地压发生机理与防治技术，包括陕蒙接壤矿区深部富水工作面冲击地压机理、预测方法、基于防冲末采阶段快速回撤技术、冲击地压防治对策与应用等。

本书适合从事煤矿冲击地压防治的科研人员、工程技术人员及相关专业的高校教师和研究生阅读参考。

图书在版编目 (CIP) 数据

陕蒙接壤矿区深部富水工作面冲击地压机理与防治研究 / 舒凑先，姜福兴，张修峰著. —北京：冶金工业出版社，2020.8

ISBN 978-7-5024-6958-0

Ⅰ.①陕…　Ⅱ.①舒…　②姜…　③张…　Ⅲ.①矿区—富水性—回采工作面—冲击地压—灾害防治—研究—陕西、内蒙古　Ⅳ.①TD324

中国版本图书馆 CIP 数据核字 (2020) 第 168653 号

出 版 人　苏长永
地　　址　北京市东城区嵩祝院北巷 39 号　邮编　100009　电话　(010)64027926
网　　址　www.cnmip.com.cn　电子信箱　yjcbs@cnmip.com.cn
责任编辑　张熙莹　王　双　美术编辑　郑小利　版式设计　禹　蕊
责任校对　石　静　责任印制　禹　蕊
ISBN 978-7-5024-6958-0
冶金工业出版社出版发行；各地新华书店经销；三河市双峰印刷装订有限公司印刷
2020 年 8 月第 1 版，2020 年 8 月第 1 次印刷
169mm×239mm；9.75 印张；189 千字；146 页
59.00 元
冶金工业出版社　投稿电话　(010)64027932　投稿信箱　tougao@cnmip.com.cn
冶金工业出版社营销中心　电话　(010)64044283　传真　(010)64027893
冶金工业出版社天猫旗舰店　yjgycbs.tmall.com
（本书如有印装质量问题，本社营销中心负责退换）

前　言

长期以来，随着浅部资源枯竭和机械化程度的提高，煤炭资源开采深度和开采强度的逐步增加，矿井冲击地压等动力灾害日益突出，仅近两年来，公开报道的冲击地压事故已发生4起，造成40多人死亡，给国家造成了巨大的经济损失，严重地威胁着煤矿开采的安全。当前我国煤炭资源呈现出东部逐渐枯竭，西部向深部开采的趋势，据《内蒙古自治区鄂尔多斯呼吉尔特矿区总体规划环境影响评价》报告显示，全国煤炭产量的1/10都将来自采深为550~880m的陕蒙接壤深部矿区（新街、呼吉尔特、纳林河和榆横矿区）。目前陕蒙接壤深部矿区已新开发了数十座采深超过550m的千万吨矿井，还有许多矿井在规划建设中。根据新建矿井地质技术资料统计结果，陕蒙接壤深部矿区具有以下地质特点：（1）煤层采深处于550~880m；（2）煤层上部富含顶板承压水；（3）煤层具有冲击倾向性；（4）煤层上部存在两组巨厚砂岩组。根据陕蒙接壤矿区深部矿井近几年初期回采经验，工作面回采过程中存在以下矿压显现：（1）回采过程中，工作面过富水区时矿压显现强烈，且大能量事件主要集中在富水区之间和富水区边缘；（2）末采阶段，单（双）通道快速回撤方法的回撤通道易出现底鼓、冒顶、片帮、压架和冲击等现象。因此，亟须研究陕蒙接壤矿区深部富水工作面冲击地压发生机理与防治技术，对保证陕蒙接壤矿区深部富水工作面的安全回采具有重要意义。

作者从2015年开始从事陕蒙接壤深部矿区冲击地压防治工作。到目前为止，获得了国家重点研发计划重点专项（项目号：2016YFC0801408）、国家自然科学基金项目（项目号：51274022，

51674014）、江西省科技厅青年基金项目（项目号：20202BABL214021）、东华理工大学博士科研启动基金（项目号：DHBK2019047）、东华理工大学核资源与环境国家重点实验室开放基金项目（项目号：NRE1917）以及江西省"十三五"高校一流优势学科（地质资源与地质工程）建设项目（项目号：2311100138）等的资助。本书针对陕蒙接壤矿区深部工作面开采过程中面临的工程问题，结合地质赋存条件，通过案例调研、理论分析、力学实验、数值分析、工程类比、现场实测等方法，研究了陕蒙接壤矿区深部富水工作面冲击地压发生机理与防治技术，具体内容包括：（1）陕蒙接壤矿区深部富水工作面顶板疏水诱发冲击地压机理；（2）基于应力叠加深部富水工作面冲击地压危险性预测方法；（3）基于防冲陕蒙接壤矿区深部重型综采面快速回撤方法；（4）陕蒙接壤矿区深部富水工作面冲击地压防治对策与应用。

　　本书的研究工作得到了北京科技大学蔡嗣经教授、朱斯陶博士后，内蒙古昊盛煤业有限公司石拉乌素煤矿刘承志高工、顾颖诗高工、吴震工程师，鄂尔多斯市营盘壕煤炭有限公司张自发高工、王超高工的指导和帮助，在此表示衷心的感谢。同时感谢王博、周超、张翔、邓枭对书稿文字校对和插图绘制提供的帮助。

　　由于试验矿井还处于早期开采阶段，研究时间较短，书中许多观点为初步研究结果，许多理论观点有待深入探讨和现场验证；加之作者水平有限，书中不足之处，敬请读者批评指正。

作　者

2020 年 5 月

目　　录

1 绪 论

1.1 研究背景及意义

1.1.1 研究背景

陕蒙接壤矿区位于以鄂尔多斯盆地为基础的陕西和内蒙古交界处，毛乌苏沙漠与黄土高原接壤地带，南北长 150km，东西宽 170km。陕蒙接壤矿区主要包括已规模化生产的神东矿区和榆神矿区，以及开发建设中的新街矿区、呼吉尔特矿区、榆横矿区和纳林河矿区。

根据调研，陕蒙接壤矿区已规模化生产的神东和榆神矿区部分矿井开采深度见表 1-1，从表中可知，神东和榆神矿区开采深度范围为 53~280m。随着近几年陕蒙接壤矿区新街矿区、呼吉尔特矿区、榆横矿区和纳林河矿区的开发，新建设了数十座千万吨矿井，见表 1-2，矿井的开采深度普遍大于 550m，最深达到 720m。相比陕蒙接壤的神东矿区和榆神矿区，陕蒙接壤矿区的新街矿区、呼吉尔特矿区、榆横矿区和纳林河矿区称之为陕蒙接壤深部矿区。

表 1-1 神东和榆神矿区部分矿井开采深度

矿区名称	矿井名称	采深/m	采深/m
神东矿区	石屹台	53~100	53~260
	大柳塔	80~275	
	补连塔	109~260	
	上湾	72~87	
榆神矿区	锦界	80~130	83~280
	凉水井	93	
	大保当	83~280	
	王家塔	250	

表1-2 新街、呼吉尔特、纳林河和榆横矿区部分新建设矿井开采深度

矿区名称	矿井名称	采深/m	采深/m
呼吉尔特矿区	石拉乌素	660	650~662
	葫芦素	662	
	母杜柴登	650	
	门克庆	650	
新街矿区	红庆河	665	665
榆横矿区	大海则	552	552
纳林河矿区	纳林河二号	550	550~720
	营盘壕	720	

根据工程经验，影响冲击地压因素主要为地质因素和开采技术条件因素，其中地质因素主要为采深、构造、相变带、上覆岩层结构等，开采技术因素包括采空区、工作面宽度、回采速度等。本书以陕蒙接壤深部矿区石拉乌素煤矿地质开采技术条件为例，分析了该矿采深、上覆顶板水、煤层冲击地倾向性、工作面宽度和回采速度等因素，具体条件如下：

（1）石拉乌素煤层埋深为660~880m。石拉乌素煤矿含有8层稳定可采煤层，分别为$2-2_上$、$2-2_中$、$3-1$、$4-1$、$4-2_中$、$5-1$、$5-2$、$6-2$煤层。$2-2_上$煤层埋深最小为660m；$6-2$煤层埋深最大为880m。

（2）煤层上部富含顶板水。石拉乌素煤矿上方赋存第四系松散岩层孔隙潜水、志丹组碎屑岩层孔隙潜水，以及直罗组和延安组的基岩裂隙承压水等三种顶板水。根据石拉乌素煤矿首采工作面涌水量监测曲线，最大涌水量达到700m³/h，如图1-1所示。

图1-1 石拉乌素首采工作面回采期间涌水量

（3）石拉乌素煤矿工作面设计宽度为250~350m，属于典型的重型综采工

作面。

（4）石拉乌素 $2-2_{上}$ 煤层具有强冲击倾向性，根据冲击倾向性鉴定结果，石拉乌素煤矿 $2-2_{上}$ 煤层具有强冲击倾向性，见表 1-3。

表 1-3   石拉乌素 $2-2_{上}$ 煤层冲击倾向性

单轴抗压强度/MPa	弹性能量指数 W_{ET}	冲击能量指数 K_E	动态破坏时间/ms	冲击倾向性
17.6	12.3	2.47	87	强

（5）根据石拉乌素煤矿柱状图，上覆岩层中存在厚度分别为 90m、414m 的直罗组和志丹组砂岩组，其中，直罗组的岩性以强度相对较大的砂岩组为主要成分，局部含有强度较弱的砂质泥岩；志丹组的岩性以强度相对较大的砂岩组为主要成分，且该岩层为关键岩层，控制着地层的运动，对工作面的安全回采具有重要影响。

（6）推采速度快。陕蒙接壤矿区矿井普遍为千万吨级现代化矿井，工作面推采速度最大能到 12m/d。

根据陕蒙接壤矿区深部富水工作面近几年的初期回采经验，工作面存在以下矿压显现：

（1）回采过程中，工作面过富水区时矿压显现强烈，且大能量事件主要集中在富水区之间和富水区边缘。

（2）末采阶段，单（双）通道快速回撤方法的回撤通道易出现底鼓、冒顶、片帮、压架和冲击等现象。

具体表现为：

（1）回采期间，工作面过富水区时矿压显现强烈，且大能量事件主要集中在富水区之间和富水区边缘。

工作面过富水区时富水区边缘和富水区下方测点的应力变化曲线如图 1-2 和图 1-3 所示。

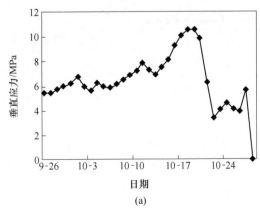

(a)

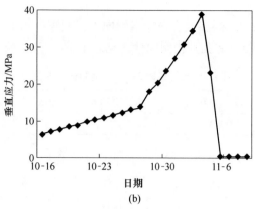

(b)

图 1-2　富水区边缘测点应力曲线

（a）14 号测点；（b）15 号测点

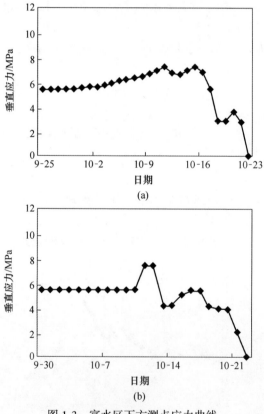

图 1-3　富水区下方测点应力曲线

（a）11 号测点；（b）12 号测点

图 1-2 所示为富水区边缘测点应力曲线。14 号和 15 号测点位于富水区边缘，

从图 1-2（a）中可知，14 号测点应力初始值为 5.4MPa，最大应力值为 10.6MPa；从图 1-2（b）中可知，15 号测点应力初始值为 6.4MPa，最大应力值为 38MPa，工作面回采过程中应力出现了冲击地压危险性预警，现场钻屑量检测超标，且工作面接近富水区边缘时，工作面和巷道内煤炮频繁。

图 1-3 所示为富水区下方测点应力曲线。11 号和 12 测点位于富水区下方，从图 1-3（a）中可知，11 号测点应力初始值为 5.5MPa，最大应力值为 7.4MPa；从图 1-3（b）中可知，12 号测点应力初始值为 5.5MPa，最大应力值为 7.5MPa，工作面回采过程中测点未出现冲击地压危险性预警。

综合上述可知，当工作面接近富水区边缘时，测点应力增幅较大，钻屑量检测超标，且工作面和巷道内煤炮频繁；当工作面接近富水区下方测点时，测点应力增幅较小。

图 1-4 所示为石拉乌素煤矿 2-2 上 201 工作面大能量微震事件平面投影，从图中可知，微震事件总共 135 个，其中，富水区内大能量微震事件有 14 个，富水区外或边缘微震事件总共 121 个，各占总数的 10.4% 和 89.6%，但是，富水区面积占工作面面积的 50%。可见，大能量微震事件主要分布在富水区外或边缘，与此同时，工作面接近富水区边缘时，工作面煤壁和顺槽经常出现片帮和煤炮等现象。

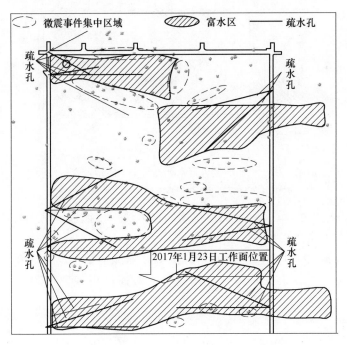

图 1-4　2-2 上 201 工作面大能量微震事件平面投影

图 1-5 所示为营盘壕煤矿 2201 工作面接近富水区过程中大能量微震事件特征，接近②号富水区的过程中，2201 工作面煤壁和轨道顺槽出现片帮和煤炮，微震监测系统从 9 月 22 日开始，每天监测到大于 10^5 J 的大能量微震事件，9 月 30 日，2201 工作面开始位于富水区下方，工作面和轨道顺槽出现煤炮事件明显减少，微震监测系统未监测到大于 10^5 J 的大能量微震事件，如图 1-5（a）所示。图 1-5（b）所示为大于 10^5 J 大能量微震事件平面投影，从图中可知，大能量事件集中分布在富水区之间和边缘区，富水区内较少。

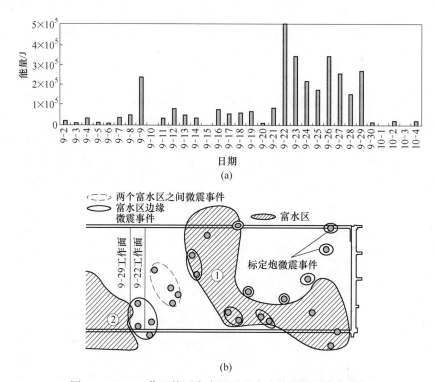

图 1-5　2201 工作面接近富水区过程中大能量微震事件特征

（a）9 月 2 日至 10 月 4 日每天最大能量微震事件；（b）大于 10^5 J 微震事件平面投影

（2）末采阶段，单（双）通道快速回撤方法的回撤通道易出现底鼓、冒顶、片帮、压架和冲击等现象。

大柳塔煤矿 52304 工作面埋深 275m，煤层结构简单，煤层倾角 1°~3°，采用双通道回撤方法。在末采阶段，工作面主回撤通道出现冒顶和片帮，如图 1-6 所示。

相比浅部工作面，陕蒙接壤矿区深部工作面末采阶段工作面煤壁更容易出现失稳现象，且该矿区煤层具有强冲击倾向性，因此，末采阶段还存在发生冲击地压危险。

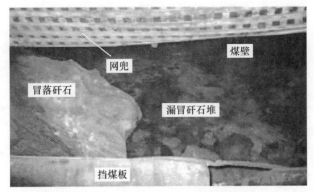

图 1-6 末采阶段工作面煤壁冒顶[1]

根据开采地质资料统计结果，陕蒙接壤矿区深部富水工作面具有以下特点：

（1）煤层采深大于 550m；

（2）煤层上部富含顶板承压水；

（3）工作面设计宽度为 250~350m，属于典型的重型工作面；

（4）煤层具有强冲击倾向性；

（5）煤层上部存在两组巨厚砂岩组；

（6）推采速度快。

根据新开发矿井近几年回采经验，陕蒙接壤矿区深部富水工作面开采过程中存在明显的强矿压现象。因此，亟需研究陕蒙接壤矿区深部富水工作面冲击地压发生机理与防治技术，对保证陕蒙接壤矿区深部富水工作面的安全回采具有重要意义。

截至目前，国内外许多专家学者对冲击地压发生机理和防治技术开展了大量的研究工作，取得了丰硕的成果[2~16]，但多集中于山东、东北、义马等深部矿井。由于陕蒙接壤矿区深部矿井还处于建设阶段或初期开采阶段，因此，国内外学者对陕蒙接壤矿区深部富水工作面冲击地压发生机理与防治的研究鲜见报道，还处于探索阶段。鉴于此，本书以石拉乌素煤矿为工程背景，开展了陕蒙接壤矿区深部富水工作面冲击地压机理与防治研究，以期为相似开采地质条件工作面冲击地压防治提供借鉴。

1.1.2 研究意义

据《内蒙古自治区鄂尔多斯呼吉尔特矿区总体规划环境影响评价》报告显示：到 2020 年，陕蒙接壤矿区煤炭产量将过 7 亿吨，其中 3 亿吨产能主要来自新街、呼吉尔特、纳林河和榆横矿区，按照 2017 全年煤炭总产量 37.4 亿吨计算，全国煤炭产量的 1/10 都将来自新街、呼吉尔特、纳林河和榆横矿区，见表

1-4。近几年，新街、呼吉尔特、纳林河和榆横矿区新开发了数十座采深大于550m 的矿井，根据前期开采经验，工作面存在明显的强矿压现象。因此，开展陕蒙接壤矿区深部富水工作面冲击地压机理与防治研究对保障我国能源安全具有重要意义。

表 1-4　陕蒙接壤矿区煤炭产量及采深统计[17]

矿　区	产量/Mt·a⁻¹	备　注
神东矿区	>300	2014 年实际统计产量
榆神矿区	59	
新街矿区	96	2015~2020 年预估产量
榆横矿区	42.3	
呼吉尔特矿区	110	
纳林河矿区	110	

1.2　国内外研究现状

自 1783 年世界上首次冲击地压现象出现在英国以后，在南非、苏联、德国、美国、加拿大、印度等几十个国家和地区时有冲击地压发生[6]。如波兰全国 67 个矿井中有 36 个煤层具有冲击危险性，自 1949 年至 1982 年，共发生破坏性冲击 3097 次；德国从 1949 年至 1978 年，共发生破坏性冲击 1001 次；苏联首次出现冲击地压是 20 世纪 40 年代的基泽尔煤矿，至 20 世纪 80 年代前 194 个矿井的 847 个煤层有冲击危险性，并发生了 750 次有严重后果的冲击地压。我国自 1933 年在抚顺胜利煤矿出现冲击地压以来，截止到 2016 年发展到近 178 个，自 2011 以来，我国发生了几十起冲击地压事故，造成几百人伤亡，摧毁巷道数千米，严重影响了安全生产。

为了有效地预测、预报及防治冲击地压灾害的发生，国内外学者对冲击地压相关理论、监测方法、治理技术进行了大量的研究，取得了丰富的成果[18~20]。针对陕蒙接壤矿区深部矿井前期开采过程中存在的问题，本节分为 5 个部分：冲击地压发生机理研究现状、冲击地压危险性评价方法研究现状、冲击地压防治技术研究现状、顶板水与冲击地压的关系研究现状以及重型综采工作面快速回撤方法研究现状。

1.2.1　冲击地压发生机理研究现状

1.2.1.1　强度理论

基于冲击地压发生时煤岩突然破坏的现象，强度理论[21]认为，冲击地压是因煤岩体局部应力超过其强度而发生。

单轴抗压试验过程表明，当试件中的应力超过其强度时，试件仅发生破坏，并没有冲击现象。因此，强度理论只说明了煤岩体破坏的原因，并没有反映冲击地压发生的内在机理。为修正这一错误，近代强度理论提出，导致煤岩体冲击破坏的决定因素不只是应力大小，而是应力与强度的比值。但关于该比值的临界值，强度理论并没有明确。

1.2.1.2 能量理论

能量理论[2,3]认为，矿山开采中支架—围岩力学系统在其力学平衡状态破坏时的能量大于所消耗的能量时即发生冲击地压。换言之，就是局部煤岩体中积聚的能量大于煤岩体破坏所消耗的能量时即发生冲击地压。从能量守恒的观点看，煤岩体中积聚的能量，一部分用于破坏煤岩体，另一部分将破坏的煤岩体抛出。因此，用能量理论描述冲击地压发生原因是正确的。但早期能量理论只是冲击地压发生机理的一种定性描述。

我国学者窦林名[22]将冲击地压发生的能量理论定量化，认为任意时刻采掘空间周围煤岩体内弹性应变能的增量 U_t（见式（1-1））是随时间不断变化的，其中 σ、ε、T_c 为控制变量；当 $\partial U_t / \partial t > 0$ 时，且 $U_t > U_{kmin}$（发生冲击地压时煤岩体内所具有的最小能量），就会发生冲击地压。

$$\frac{\partial U_t}{\partial t} = U_t'(\sigma) \frac{d\sigma}{dt} + U_t'(\varepsilon) \frac{d\varepsilon}{dt} + U_t'(T_c) \frac{dT_c}{dt} \tag{1-1}$$

从现场看，能量理论具有可操作的局限性。其原因在于，煤岩体积聚的能量及煤岩体破坏所消耗的能量是很难准确计算的。

1.2.1.3 冲击倾向性理论

冲击倾向性是煤岩体的一种内在属性，是指煤岩体产生冲击破坏的能力。冲击倾向性理论认为，煤岩体的冲击倾向性是冲击地压发生的内在因素。从现场来看，冲击倾向性理论也是冲击地压发生的一种必要条件。

20 世纪 60 年代末，波兰和苏联学者[23]提出了煤的三个冲击倾向性指标，即弹性能指数 W_{ET}、冲击能量指数 K_E 和煤样的动态破坏时间 D_T。我国行业标准[24]规定了煤的冲击倾向性鉴定标准，见表 1-5。

表 1-5　煤的冲击倾向性鉴定标准

指　标	无冲击	弱冲击	强冲击
弹性能量指数 W_{ET}	$W_{ET} < 2$	$2 \leqslant W_{ET} < 5$	$W_{ET} \geqslant 5$

续表 1-5

指　　标	无冲击	弱冲击	强冲击
冲击能量指数 K_E	$K_E<1.5$	$1.5 \leqslant K_E<5$	$K_E \geqslant 5$
动态破坏时间 D_T/ms	$D_T>500$	$50<D_T \leqslant 500$	$D_T \leqslant 50$
单轴抗压强度 R_c/MPa	$R_c<7$	$7 \leqslant R_c<14$	$R_c \geqslant 14$

20世纪80年代，我国提出了顶板的冲击倾向性指标，即顶板弯曲能量指数 U_{WQ}，并规定了顶板的冲击倾向性鉴定标准，见表1-6。

表 1-6　顶板的冲击倾向性鉴定标准

指　　标	无冲击	弱冲击	强冲击
弯曲能量指数 U_{WQ}	$U_{WQ} \leqslant 15$	$15<U_{WQ} \leqslant 120$	$U_{WQ}>120$

1.2.1.4　刚度理论

刚度理论来源于一种单轴压缩试验现象，即试验机刚度小于试件后期变形刚度时，则发生失稳破坏；反之，则不发生失稳破坏。该理论认为，煤岩体破坏后的刚度大于围岩—支架系统刚度时则发生冲击地压。

刚度理论揭示了促使破坏煤岩体失稳的能量的来源。结合现场来看，刚度理论是冲击地压发生的一种必要条件。

1.2.1.5　"三准则"理论

强度理论揭示了煤岩体破坏的应力标准，能量理论揭示了破坏煤岩体失稳的力源，冲击倾向性理论揭示煤岩体发生冲击破坏的内在属性。据此，我国学者李玉生[25]提出冲击地压发生的"三准则"理论。该理论认为，强度理论是煤岩体破坏的准则，能量理论和冲击倾向性理论是煤岩体突然破坏的准则，只有这三个准则同时满足才能发生冲击地压。

由于能量理论较为抽象，现场难以判定是否满足该准则，因而"三准则"理论用于现场还存在一定难度。

1.2.1.6　失稳理论

我国学者章梦涛等人[26,27]认为，煤岩体受外力作用变形、发生突然破坏的原因不是强度问题，而是变形稳定性问题，并据此提出了冲击地压失稳理论。该理论认为，冲击地压是煤岩介质受采动影响而产生应力集中，煤岩体内高应力区的介质局部形成应变软化与尚未形成应变软化的介质处于非稳定平衡状态时，在外界扰动下的动力失稳过程。

失稳理论揭示了煤岩介质应变软化是冲击地压发生的必要条件，但没有揭示冲击地压发生的充要条件，难以应用于现场冲击地压判定。

1.2.1.7 其他理论

谢和平[28]院士提出了冲击地压的分形特征，将分形几何引入冲击地压的研究。使用分形的数目与半径的关系分析微震事件的空间分布，发现微震事件具有集聚分形结构，但是在定量描述冲击地压发生的原因和破坏过程方面还需要做大量的研究工作。

Wang Jiong[29]提出了冲击地压的能量极限平衡机理，其将冲击地压煤层分为能量极限平衡区和弹性区，由此得到煤层顶底板发生冲击地压的位置，并推导出了能量极限平衡区域的极限宽度及其与冲击地压之间的数学关系。

针对冲击地压介质的颗粒特性，P. P. Procházka 等人[30,31]从断裂力学角度出发，采用离散元数值方法代替常规的连续介质分析方法对冲击地压进行了研究，具体方法为运用离散六边形单元法（discrete hexagonal element method）和静态颗粒流程序（particle flow code）评估局部能量积聚和冲击地压发生的可能性。P. P. Procházka 还综合运用了六边形单元法和边界元法对瓦斯爆炸诱发的冲击地压进行了研究，数值模拟结果显示这种方法具有实际应用价值。

宋振骐[32]在深入研究我国煤矿冲击地压发生及其成功控制案例的基础上，对冲击地压事故发生的原因、灾害实现条件及其动力信息基础进行了比较系统的研究，以此为基础提出了各类冲击地压预测和控制的方法。

潘立友[33]为防止深部矿井构造区厚煤层巷道冲击地压的发生，通过理论分析建立了构造区厚煤层巷道冲击地压发生的力学模型，分析巷道层位与冲击地压破坏特征，研究了构造区厚煤层巷道冲击地压类型；根据具体煤层条件，通过实施人为缺陷调整转移煤层应力场，使构造区巷道围岩弹性能持续、缓慢释放，形成卸压带降低巷道冲击地压危险性，从而有效防止深部构造区厚煤层冲击地压发生。

齐庆新等人[34~36]对于我国冲击地压的机理、防治方法进行了大量研究，取得了较多研究，例如，基于冲击地压多发生在断层、煤层变化等构造区域的现象和组合煤岩摩擦滑动失稳试验结果，提出了三因素理论，该理论认为内在因素（冲击倾向性）、力源因素（高度的应力集中或高度的能量储存与动态抗动）是导致冲击地压发生最为主要的因素；应用数值模拟和相似材料模拟等方法，分析了原岩应力、构造应力、采动应力对冲击地压发生机制；对非坚硬顶板条件下厚及特厚煤层高强度开采采动诱发冲击地压机理进行了研究等。

姜福兴等人[37,38]以义马煤田和南屯煤矿为研究背景，分别对巨厚砾岩与逆冲断层控制型特厚煤层冲击地压机理和对复合厚煤层冲击地压发生机理进行研究。

张寅[39]利用理论分析、数值模拟、现场实测等方法和手段,系统研究了深部特厚煤层巷道在静载和冲击载荷作用下的响应规律,得到了巷道在冲击作用下的应力、速度、加速度以及能量分布等规律。

周英[40]通过现场实测与资料统计,实验室煤岩力学性质试验及理论分析,得出了硇北煤矿矿井地应力分布的基本规律,并进一步证实硇北煤矿矿井动力现象属冲击地压,其冲击的强弱程度属中等偏弱且具有明显的脆性特征,地应力的大小和方向是影响其动力现象的最根本因素。

Ma Liqiang[41]以千秋煤矿为工程背景,采用离散元方法对特厚煤层长壁开采条件下的巨厚砾岩运动规律进行了数值分析,研究结果表明巨厚砾岩的垮落形成了互相挤压的铰接块体结构,在这种铰接块体结构的作用力下,砾岩层的失稳、离层和重新平衡是导致工作面发生冲击的主要因素。

Alan A. Campoli、Carla A. Kertis 和 Claude A. Goode 等人[42]对美国东部五个冲击地压矿井的地质条件、开采技术和工程参数进行了收集研究,结果表明相对较厚的表土层和坚硬的顶底板岩层是诱发冲击地压的不利地质因素,并且开采活动引起的应力集中将会进一步增加发生冲击地压的可能性,另外应避免留设大量煤柱和长悬顶的开采设计。

窦林名等人[43~52]对冲击地压发生机理,监测预测方法和控制技术进行了大量研究,取得了大量研究成果,例如,为防止冲击地压的发生,提出冲击矿压的强度弱化减冲理论,采取松散煤岩体,降低强度和冲击倾向性,使得应力高峰区向岩体深部转移,并降低应力集中程度,使发生冲击矿压的强度降低,使得煤岩体中所积聚的弹性应变能达不到最小冲击能;应用电磁辐射强度、脉冲数与煤岩体破裂关系,对冲击地压危险性进行评价和预测预报;对断层和断层煤柱诱发的冲击地压进行了大量研究;采用微地震监测技术进行冲击地压危险区的监测预测方法等。

潘一山等人[53~55]对冲击地压机理、控制方法进行了大量研究,取得了较多研究成果,例如,将冲击地压分为煤体压缩型、顶板断裂型和断层错动型等三类,并指出煤岩结构系统由平衡态向非平衡态过渡,当受到外界扰动时,煤岩结构失稳而产生煤体压缩型冲击地压;扰动导致顶板岩体中的微破裂不断增加,平衡状态的稳定性逐渐减小,当微小扰动引起的微破裂转移造成雪崩式的连锁反应时,发生拉伸失稳破坏,系统储存的弹性能迅速释放而发生顶板断裂型冲击地压,只有当上覆岩层产生的正压力足够大时,才发生断层错动型冲击地压。

姜耀东等人[56~60]对冲击地压发生机理、监测预测方法进行了大量研究,取得了大量研究成果,例如,认为冲击地压是在不同的地质条件和开采环境下,在多种诱发因素共同作用下，煤岩体系统变形过程中由稳定态积蓄能量向非稳定态释放能量转化的非线性动力学过程；煤体变形破坏过程的稳定性与煤体内微裂纹的扩展及显微组分分布特征直接相关，通过细观实验得出，微晶参数值越大，冲击的危险性越大，显微硬度和显微脆度均较大的煤体较易发生冲击；煤体内镜质组的最大反射率与最小反射率之差越小，冲击倾向性越小，在显微组分布简单且原生损伤越小的情况下，冲击倾向性越小。

K. Y. Haramy 和 J. P. McDonnell 等人[61]认为具有坚硬顶底板和处于高应力条件下的深部矿井极易在巷道顶底板和两帮发生冲击地压，并在美国采矿局的报告中总结了目前广泛应用的高应力区域探测和卸压方法，在一合作矿井应用了相应的卸压技术，如岩土试验监测仪器和微震监测系统、钻屑法的实验室测试以及数值模拟方法。该报告还进一步讨论了合理的矿山设计和集中爆破、水力压裂以及螺旋钻孔等卸压方法。

潘俊锋[62]通过分析冲击地压发生过程，指出冲击地压发生经历 3 个阶段，依次为冲击启动阶段、冲击能量传递阶段和冲击地压显现阶段，并据此提出冲击地压启动理论。该理论认为，冲击地压可分为两种典型类型，即集中静载荷型和集中动载荷型；采动围岩近场系统内集中静载荷的积聚是 2 类冲击启动的共同内因；采场、巷道冲击启动实质是极限平衡区静载荷集中，外界动载荷起到促进作用，底板、煤壁只是能量传递与释放的载体。

综合上述可知，国内外学者对于深部富水工作面冲击地压发生机理研究成果较少，还处于探索阶段，因此，本书针对陕蒙接壤矿区深部富水工作面冲击地压发生机理进行研究，以期对其他相似条件下工作面冲击地压防治提供借鉴意义。

1.2.2 冲击地压危险性评价方法研究现状

根据我国《煤矿安全规程》[63]第二百三十四条规定，冲击地压矿井必须进行区域危险性预测和局部危险性预测。因此对于具有冲击危险性矿井开采前需进行评价，主要方法包括：综合指数法、可能性指数法和数学分析法等。

窦林名[5]基于岩体结构、力学特性的认识及采矿历史的认识，在分析采矿地质影响冲击地压发生因素的基础上，确定各种因素的影响权重，综合起来建立的冲击地压危险性评价的综合指数法。

采掘工作面的冲击地压危险状态等级评价综合指数用 W_t 表示，以此可以确定冲击地压危险程度，有 $W_t = \max\{W_{t1}, W_{t2}\}$。冲击地压危险状态等级评定综合指数应取两者中的大值，其中：

$$W_{t1} = \sum_{i=1}^{n_1} W_i \bigg/ \sum_{i=1}^{n_1} W_{imax} \qquad (1-2)$$

$$W_{t2} = \sum_{i=1}^{n_2} W_i \Big/ \sum_{i=1}^{n_2} W_{i\max} \qquad (1\text{-}3)$$

式中，W_{t1} 为地质因素对冲击地压的影响程度及冲击地压危险状态等级评价的指数；W_{t2} 为采矿技术因素对冲击地压的影响程度及冲击地压危险状态等级评价的指数。

根据综合指数用 W_t 评价冲击地压危险状态等级，评价标准见表 1-7。

表 1-7　冲击地压危险状态的分级

危险状态的分级	无冲击	弱冲击	中等冲击	强冲击
冲击地压危险指数	<0.25	0.25~0.5	0.5~0.75	≥0.75

于正兴[64]通过研究诱发冲击地压主要因素，采用模糊数学方法，计算某一应力状态和弹性能量指数对"发生冲击地压"的隶属度，进而判断发生冲击地压的可能性。冲击地压发生可能性指数诊断法的基本内容和步骤为：（1）计算采动应力场分布规律；（2）测试和计算煤岩体的弹性能量指数；（3）计算应力和弹性能量指数各自对"发生冲击地压"事件的隶属度；（4）计算冲击地压发生的可能性指数；（5）诊断某一点冲击地压发生的可能性。

应力状态对"发生冲击地压"事件的隶属度 U_{I_c} 为：

$$U_{I_c} = \begin{cases} 0.5I_c & (I_c \leqslant 1.0) \\ I_c - 0.5 & (1.0 < I_c < 1.5) \\ 1 & (I_c \geqslant 1.5) \end{cases} \qquad (1\text{-}4)$$

$$I_c = \sigma/\sigma_c, \quad \sigma = krH$$

式中　　k——应力集中系数；

　　　　r——覆岩平均容重；

　　　　H——埋深；

　　　　σ_c——煤体单轴抗压强度。

煤岩体的弹性能量指数对"发生冲击地压"事件的隶属度 $U_{W_{ET}}$：

$$U_{W_{ET}} = \begin{cases} 0.3W_{ET} & (W_{ET} \leqslant 2.0) \\ 0.133W_{ET} + 0.333 & (2.0 < W_{ET} < 5.0) \\ 1.0 & (W_{ET} \geqslant 5.0) \end{cases} \qquad (1\text{-}5)$$

式中　　W_{ET}——弹性能量指数。

发生冲击地压的可能性指数 U：

$$U = (U_{I_c} + U_{W_{ET}})/2 \qquad (1\text{-}6)$$

根据可能性指数 U 评价冲击地压发生的可能性，评价标准见表 1-8。

表 1-8 冲击地压发生可能性评价标准

U	0~0.6	0.6~0.8	0.8~0.9	0.9~1.0
可能性	不可能	可能	很可能	能够

张志镇[65]针对煤矿冲击地压危险性综合评价指标的不确定性和不相容性，基于集对分析方法，将多个指标合成为一个可反映冲击危险级别的联系度参数，建立了煤矿冲击地压危险性预测评价的集对分析模型。将该模型应用于富力煤矿276工作面和华亭煤矿回风顺槽掘进工作面，选用开采深度、煤层上方坚硬岩层距煤层距离、构造应力集中指数、顶板岩层厚度特征参数、煤的单轴抗压强度和煤的冲击能量指数等6项指标，分别对其冲击危险性进行了预测评价。

张开智[66]对影响冲击地压的因素进行了分析，根据属性识别理论，建立了有冲击危险煤岩的冲击危险程度综合评价的变权识别模型，利用待评价地点各评价因子的贡献率大小确定变权重系数。由给定的置信度大小对冲击危害程度进行综合评判，进行属性识别分类。该模型最大的优点在于：在生产开始前，可事先对冲击危险性做出预测，以便制定冲击地压解危措施，实现安全生产，而且对同一类的属性还可利用综合得分排序法进行亚分类。用此方法可进一步揭示评价单元的整体冲击危险性大小，反映出不同介质体系的总体冲击与介质冲击的关系。

周健[67]应用统计学理论并结合工程实际，选取影响冲击地压的主要因素如煤厚、倾角、埋深、构造情况、倾角变化、煤厚变化、瓦斯浓度、顶板管理、卸压、响煤炮声作为判别因子，建立冲击地压危险性分级预测的 Fisher 判别分析模型（FDA）。利用重庆砚石台煤矿23组实测数据作为学习样本进行训练和检验，建立相应线性判别函数并利用回代估计方法进行回检，误判率为零。利用该模型其他12组现场数据作为预测样本进行测试，预测结果与实际情况吻合较好。

姜福兴等人[68~72]提出了基于载荷三带应力与围岩作用关系的冲击危险评价方法、基于应力叠加回采工作面冲击危险性评价。基于载荷三带应力与围岩作用关系的冲击危险评价方法是采用应力叠加和载荷三带理论模型，对巷道整体稳定性和局部稳定性进行估算，结合被评价位置的煤岩体冲击倾向性，实现冲击危险评价；基于应力叠加回采工作面冲击危险性评价方法是通过建立坐标系，提出一种基于自重应力基础之上叠加各个冲击危险性因素产生的应力增量的冲击危险性评价方法，该方法能使回采工作面冲击危险评价更趋量化。

潘俊锋[73]揭示了开采技术因素诱发煤岩震动异常并激发灾害发生的内在规律。结果表明，工作面推进度与高能震动事件频率成正比，推进度变化梯度与高能震动事件能量大小成正比，大的变化梯度将增加冲击地压突发的风险；煤层卸压爆破针对巷道两帮冲击启动区，爆破后 7~18h 内是解危措施发挥作用的主要时段；巷帮扩修使得围岩从原有的相对稳定变为不稳定状态，扩修进尺过快显著影响煤岩震动异常；工作面停产后恢复生产时期，各能级的微震事件急剧上升，且伴随高能事件发生的危险。Ⅱ类开采技术因素临时介入，打破原有平衡状态，使得煤岩宏观调整，微观破裂突然无序，激发煤岩冲击事件发生。

上述冲击地压评价方法中都以诱发冲击地压危险性因素作为研究对象，例如开采深度、顶板岩性、构造应力集中指数、煤冲击倾向性等，评价结果仅是定性，不够定量，且针对深部富水工作面评价还未见报道。因此，研究陕蒙接壤矿区深部富水工作面冲击危险性预测方法具有重要意义。

1.2.3 冲击地压防治技术研究现状

冲击地压防治技术是建立在充分研究冲击地压发生机理的基础之上的，再结合科学的预测、预警方法，则冲击地压的有效控制必定事半功倍。冲击地压控制技术或方法已有大量研究成果[74~80]，主要分为区域性防治和局部防治两个方面。

1.2.3.1 区域性防治

A 采用合理的开拓布置和开采方式

合理的开拓布置、开采方法可以有效地避免高应力集中和能量积聚，从而控制冲击地压发生的应力条件。因此，制定开采设计方案时应注意以下原则：严格杜绝在原始应力场的构造压缩应力带和采动应力场支承压力的高峰部位布置采煤巷道和推进工作面；最大限度地争取在已经历采动应力释放稳定后的"内应力场"中掘进和维护巷道。

B 开采保护层

多煤层井工开采易形成不同煤层的相互影响，需要在设计阶段协调煤层群的开采，先开采没有冲击危险的煤层，从而解放有冲击危险的煤层。开采保护层是一项有效的、根本的区域性防冲措施。

C 煤层预注水

煤层预注水[81]可以改变冲击煤层的物理力学性质，降低煤的冲击倾向性和应力状态。煤层注水过程中，经义马千秋煤矿现场实测，得到如图1-7所示的应力曲线，煤层注水后钻孔应力计出现应力长时间持续下降，说明煤层注水起到了良好的效果。

D 厚层坚硬顶板预处理

回采面厚层坚硬顶板的悬顶和冒落会引起煤层和顶板内的应力高度集中，工

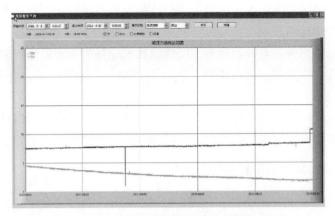

图 1-7 注水软化煤体后应力曲线

作面和上下顺槽附近厚层坚硬顶板的悬露会引起不规则垮落和周期增压。因此，给工作面顶板管理和巷道维护造成困难。目前采用的处理方法主要有顶板注水软化和顶板爆破处理[82]。

1.2.3.2 局部防治

A 卸压爆破

卸压爆破也称为煤层深孔卸压爆破，其防范冲击地压的机理是，卸压爆破产生的能量作用于煤体，使煤体产生裂隙，进而改变煤体的物理力学性质[83]。卸压爆破可以减缓局部区域的应力集中程度，卸压爆破已成为国内外冲击危险煤矿开采的主要解危措施之一。

B 钻孔卸压

钻孔卸压是利用钻孔方法消除或减缓冲击地压危险的解危措施。卸压钻孔可以改变煤体的物理力学性质，增加灾害煤体的应变率，降低破坏极限强度，减小蓄能能力，降低煤体密度，同时实现煤体的低强度和低密度[84]。钻孔卸压对于冲击地压煤层的解危已在国内外应用多年，钻孔卸压对于冲击地压的防治起到了良好的效果，相关研究表明，我国目前多采用大直径的钻孔进行高应力区煤层卸压，大直径钻孔可以实现煤层支承压力峰值向煤体深部转移，降低煤层发生冲击的危险，但同时造成煤层中的水平应力向顶底板转移，在一定程度上增加顶底板发生冲击的可能性。

C 其他措施

定向水力致裂技术[85,86]，该技术是人为地在煤岩层中制造一个裂缝，利用高压水在较短时间内，将煤岩体沿预先制造的裂缝对煤岩体进行破裂，从而改变煤岩体的物理学性质。

除上述方法之外，有效的冲击地压监测技术也是实现冲击地压防治的重要手段，常用的有应力监测、微震监测、钻屑量监测、声发射监测、电磁辐射监测、震动波 CT 监测等[87~105]。

上述冲击地压防治方法包括主动防治和被动防治，具体采用何种冲击地压防治技术需根据冲击地压发生类型、施工场地的适宜性和冲击地压危险程度确定。

1.2.4　顶板水与冲击地压的关系研究现状

施龙青[106,107]通过理论研究和现场监测针对华丰煤矿 4 煤层顶板突水和冲击地压关系进行了研究。在分析 4 煤层开采顶板突水水源的基础上，揭示了矿山压力、冲击地压同顶板突水之间的关系，探讨了煤层开采过程中顶板突水对促进冲击地压形成的影响作用机理；基于物理流变学和断裂力学理论，提出了砾岩粒间隙中的水流失导致砾岩粒界面附近多层次应力局部集中，造成砾岩产生新的断裂，形成多层次冲击地压，促进顶板斑裂线扩展的机制，阐明了冲击地压和顶板突水互为影响的因果关系。

史先锋[108]建立了断层构造影响下构造型孤岛工作面应力异常影响范围和冲击地压危险范围评估方法，提出"冲击-突水"复合动力灾害发生机理，为不同地质条件下动力灾害治理提供基础。

汤连生等[109,110]研究了水对岩石化学损伤机理，运用化学成分分析理论、能量观点、考虑化学损伤的破坏力学方法，分析了岩石水化学损伤机理，并探讨了其定量方法。探讨了岩石水化学损伤定量方法的研究途径，提出并分析了岩石水化学损伤的层次分区性。

李炳乾[111]从四个方面综述了地下水对岩石的物理作用：地下水对岩石弹性性质的影响，水对岩石传输性质的影响，孔隙岩石的变形过程，含水材料的摩擦特性。

苗胜军、王艳磊、乔丽苹和刘建等人[112~115]借助扫描电镜、电子能谱技术、CT 扫描等技术观测分析了酸性化学溶液对花岗岩的宏观形貌、缺陷形态、孔隙结构、矿物元素及孔隙率的改造作用；在不同浸泡时间节点对不同水化学溶液环境下花岗岩试件的质量、弹性纵波波速、溶液的 pH 值及孔隙率等进行测定，表明岩石受水化学溶液侵蚀的损伤机制取决于水化学溶液的性质与成分、岩石中的矿物组分及颗粒、孔隙、裂纹等结构之间的耦合作用，并最终改变了岩石的微观成分和细观结构。

苗胜军、夏冬等人[116,117]基于不同流速、不同 pH 值、不同浸泡时间的水化学溶液侵蚀作用，并进行了一系列单轴压缩、三轴压缩、声发射及劈裂试验。实验结果表明岩石单轴、三轴抗压强度、抗拉强度、弹性模量和黏聚力随着酸性溶液 pH 值减小、循环水流速度增大而降低；泊松比则随着 pH 值减小、水流速度增大而增大。

综合上述可知，仅施龙青研究了顶板水与冲击地压关系，认为顶板水流失导致砾岩粒界面附近多层次应力局部集中，造成砾岩产生新的断裂，形成多层次冲击地压。但未深入研究顶板水流动对原岩应力的影响。

1.2.5 重型综采工作面快速回撤方法研究现状

综采工作面快速回撤是生产中的一个重要环节，回撤速度的快慢直接影响到煤矿的产量和效益，尤其是在重型综采面。20 世纪末，我国西部矿井逐渐推广"一矿一面、一个采区、一条生产线"的高效集约化生产模式[118]，工作面宽度越来越大，最宽可达 450m，设备质量从 2000t 增加到 6000t[119]，回撤时间从 20~30 天增加到 45~60 天。因此，为适应高产高效的开采模式，加快回撤速度，西部矿区重型工作面广泛采用单通道回撤方法或双通道回撤方法。

目前现有回撤方法主要有以下 3 种：造条件回撤方法[118]、双通道回撤方法[119] 和单通道回撤方法[120]，如图 1-8 所示。

造条件撤架[118] 工艺如图 1-8 (a) 所示，工作面接近停采线附近最后几刀煤的截割时，通过采煤机与运输机整体前移实现正常截割，而液压支架则保持不动，以形成足够的设备调向及回撤空间，同时做好工作面煤壁和顶板铺网工作，随后利用小绞车牵引、轨道运输作为搬家的主要工具，实现工作面快速回撤。该回撤工艺的优点为：不需预掘回撤通道、提前准备工作量小、材料消耗少；缺点为：受超前支承压力影响，用采煤机形成回撤空间时顶板破碎、易冒顶、铺网上绳困难、撤架周期长，工作面容易发生自燃。

双通道回撤方法[119] 工艺如图 1-8 (b) 所示，在回采工作面停采线处，提前掘出最少两条平行于回采工作面的辅助巷道，然后在两条辅助巷道之间掘出若干条联络巷，从而构成回撤系统。靠近停采线的巷道为主回撤通道，用于工作面贯通期间液压支架回撤时的调向通道；外侧巷道为辅助巷道是运输通道，两条巷道之间距离为 20~25m。该回撤工艺优点为：贯通时无须切割煤壁，能够及时进行回撤，从而提高回撤速度，与此同时，存在多条联络巷，便于工人的安全撤出；缺点为：工程量大，材料消耗最多，回撤巷道经受动压影响难维护。

单通道回撤工艺[121]，即在综采工作面停采线处掘出一条平行于停采线的回撤通道，形成刮板输送机、采煤机及液压支架的回撤通道。该方法克服前两者回撤方法的缺点，但需断面较大，在采动影响下，回撤通道维护存在很大难度，如图 1-8 (c) 所示。

上述三种工作面快速回撤方法中，前者主要用于工作面倾斜长度较小工作

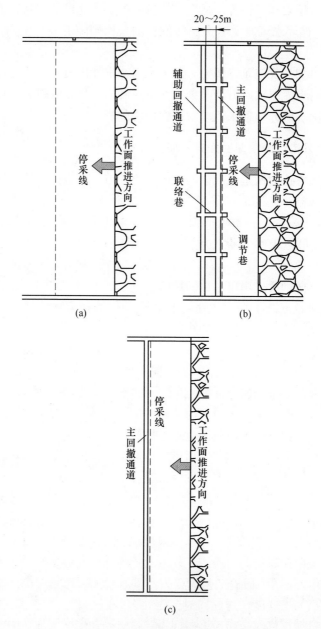

图 1-8　工作面回撤方法

（a）造条件；（b）双通道；（c）单通道

面，后两种用于工作面倾斜长度较大的工作面，属于快速回撤方法。单（双）通道回撤在实际应用过程中还需解决工作面与主回撤通道贯通期间的稳定性问题，对此，我国学者也做了相关研究。

徐金海[122,123]基于综放末采期间矿压显现和覆岩运动规律，通过相似模拟实验研究覆岩结构失稳对工作面前方巷道变形与破坏的影响，从而得到最佳的收作眼位置；采用岩石破裂过程分析软件 RFPA[2D] 系统，对收作眼围岩稳定性进行了数值计算与分析，并对其支护设计方案进行了优选。

曹胜根[124]通过实验室相似模拟试验，对综放面收尾撤架空间的顶板稳定性进行了研究。结果表明，当工作面位于周期来压期间时，会给支架回撤带来安全隐患；当工作面位于周期来压之后时，此时收尾撤架非常有利于顶板的管理。

谷拴成等人[125,126]针对综采面在末采阶段回撤通道易出现支架压死和围岩变形量过大的问题，在理论分析的基础上提出了末采阶段工作面煤柱和通道间保护煤柱荷载转移的力学机理，给出了两种煤柱的荷载计算公式及保护煤柱合理宽度的确定方法。研究表明，工作面煤柱宽度减小到 4~6m 时，其应力会迅速增大并发生塑性变形，此时应采取让压措施以减小或避开工作面在贯通时的顶板来压，并且在工作面煤柱强度降低后压力会向通道间保护煤柱转移。

吕华文[127]分析了影响预掘回撤通道稳定性的主要因素，提出了工作面剩余煤柱力学分析模型，揭示了工作面剩余煤柱动态力学变化特征。通过数值模拟方法研究了逐步开挖条件下，回撤通道两侧煤体的应力响应特征，发现回采末期回撤通道两侧煤柱存在明显的应力转移现象；数值模拟得到工作面剩余煤柱应力变化趋势与理论预测值有较好的吻合。

上述研究成果侧重于解决采深小于 300m 重型综采工作面快速回撤暴露的问题，而针对采深大于 300m 的重型综采工作面快速回撤方法研究较少。与浅部不同，深部巷道本身处于高应力状态下，如果继续沿用浅部快速回撤方法，则主回撤通道在支承压力的影响下很容易发生失稳，当煤层具备强冲击倾向性，还存在发生冲击危险。因此，亟须研究陕蒙接壤矿区深部重型综采工作面的快速回撤方法。

1.3　主要存在及亟待解决的问题

根据陕蒙接壤矿区深部开采技术条件，并结合近几年新开发矿井的回采经验，陕蒙接壤矿区深部富水工作面开采过程中存在明显的强矿压现象。如回采过程中，工作面过富水区时存在煤炮和片帮等动力显现，末采阶段，主回撤通道存在底鼓、冒顶、片帮、压架和冲击等现象。与陕蒙接壤矿区浅部工作面相比，造成陕蒙接壤矿区深部富水工作面出现上述矿压现象的主要原因为：

（1）地质条件变化。陕蒙接壤矿区深部工作面上覆存在巨厚砂岩组，造成工作面支承压力分布特征也将不同。

（2）采深 550~720m。相比浅部，随着采深的增大，巷道围岩将处于高应力状态。

（3）机理不清。还未有学者针对陕蒙接壤矿区深部富水工作面冲击地压发生机理进行研究。

（4）开采设计思想陈旧。工作面快速回撤通道还继续沿用浅部的单（双）通道快速回撤设计，主回撤通道存在冲击地压危险。

（5）推采速度快。陕蒙接壤矿区深部矿井普遍为千万吨级现代化矿井，工作面每天推采速度最大能到十几米。

（6）缺乏可借鉴经验。该矿区目前还处于建设或初采阶段，缺乏借鉴经验。

综合上述可知，亟须研究陕蒙接壤矿区深部富水工作面冲击地压机理与防治研究，主要解决以下问题：

（1）陕蒙接壤矿区深部富水工作面冲击地压发生机理；

（2）陕蒙接壤矿区深部富水工作面冲击地压危险性预测方法；

（3）基于防冲陕蒙接壤矿区深部重型综采工作面快速回撤方法；

（4）陕蒙接壤矿区深部富水工作面冲击地压防治对策。

1.4 研究内容及技术路线

1.4.1 主要研究内容

针对陕蒙接壤矿区深部富水工作面过富水区时矿压显现强烈和末采阶段回撤通道易出现底鼓、冒顶、片帮、压架和冲击等现象，采用案例调研、理论分析、力学实验、数值分析、工程类比、现场实测等方法，研究了陕蒙接壤矿区深部富水工作面冲击地压发生机理与防治技术，并在石拉乌素煤矿 $2-2_{上}201A$ 工作面进行应用，主要研究内容如下：

（1）陕蒙接壤深部富水工作面顶板疏水诱发冲击机理研究。主要包括：

1）陕蒙接壤深部矿区工作面支承压力估算。根据陕蒙接壤深部矿井地层特征和开采条件，建立非充分采动条件下工作面侧向和走向支承压力估算模型，并分析了悬顶和破断两种不同运动状态下岩层组的载荷传递机制，基于微震实测数据确定岩层断裂角、触矸角和破裂范围等参数，估算了工作面侧向和走向支承压力函数，揭示了工作面侧向和走向支承压力分布规律。

2）顶板疏水对原岩应力分布的影响。通过理论、实验和数值分析的方法，研究了疏水过程中富水工作面顶板水的运动规律，富水区疏水对富水区岩层物理力学性质损伤的影响，富水区岩层损伤对富水区岩层和煤层应力分布的影响，以及富水区疏水过程中富水区岩层和煤层应力演化规律，为揭示陕蒙接壤矿区深部富水工作面冲击地压发生机理提供理论依据。

3）揭示了陕蒙接壤深部富水工作面顶板疏水诱发冲击地压机理。按照深部富水工作面施工工艺顺序，分析了掘进工作面和回采工作面煤体的应力演化规律，揭示了陕蒙接壤矿区深部富水工作面顶板疏水诱发冲击地压机理。

（2）基于应力叠加深部富水工作面冲击地压危险性预测方法研究。目前，对于深部富水工作面冲击地压危险性预测还缺乏研究，且现有的冲击地压危险性评价都为定性，不够定量。通过建立诱发冲击地压因素应力增量函数估算模型，估算了诱发冲击地压因素应力增量函数，并在自重应力函数的基础之上叠加各个诱发冲击地压影响因素产生的应力增量估算函数，获得煤体应力，根据临界指标划分冲击危险区域和危险程度。并将该方法应用于陕蒙接壤矿区深部富水工作面，与现有综合指数法和可能性指数法对比。

（3）基于防冲陕蒙接壤矿区深部重型综采面快速回撤方法研究。主要包括：

1）单（双）快速回撤方法适用深度研究。统计了陕蒙接壤浅部工作面单（双）通道快速回撤案例，分析了深部重型综采工作面继续沿用浅部单（双）快速回撤方法存在的问题。以石拉乌素煤矿 $2-2_上201$ 工作面为工程背景，采用 $UDEC^{2D}$ 数值分析软件，研究了不同采深条件下主回撤通道的围岩应力和围岩变形规律，根据该地区煤岩强度，基于防冲和围岩可控原则，确定了陕蒙接壤矿区单（双）通道回撤方法临界采深。

2）提出适用于陕蒙接壤矿区深部重型综采工作面的快速回撤方法。综合考虑防冲、防灭火、经济高效等原则，提出适用于深部重型综采工作面的快速回撤方法，并确定相关参数。

（4）陕蒙接壤矿区深部富水工作面冲击地压防治对策与应用。在陕蒙接壤矿区深部富水工作面冲击地压发生机理的基础上，提出了深部富水工作面冲击地压防治对策，以石拉乌素煤矿深部富水 $2-2_上201A$ 工作面为工程背景，对掘进、回采和末采期间的冲击地压防治进行工程应用。

1.4.2 技术路线

本书研究内容涉及地下水动力学、水岩损伤、矿山压力、岩层运动、数学物理、岩体力学、弹塑性力学和数学等学科，属于多领域的交叉难题。围绕"陕蒙接壤矿区深部富水工作面冲击地压机理与防治研究"这一研究的主题，在广泛的文献阅读、案例调研等基础上，采用理论分析、数值模拟、现场实测、力学实验、案例调研、工程类比等研究手段，揭示了陕蒙接壤矿区深部富水工作面冲击地压发生机理，提出了基于应力叠加深部富水工作面冲击地压危险性预测方法和提出了基于防冲陕蒙接壤矿区深部重型综采工作面快速回撤方法，并以石拉乌素煤矿 $2-2_上201A$ 工作面为工程背景，进行了冲击地压防治应用，全书研究技术路线如图1-9所示。

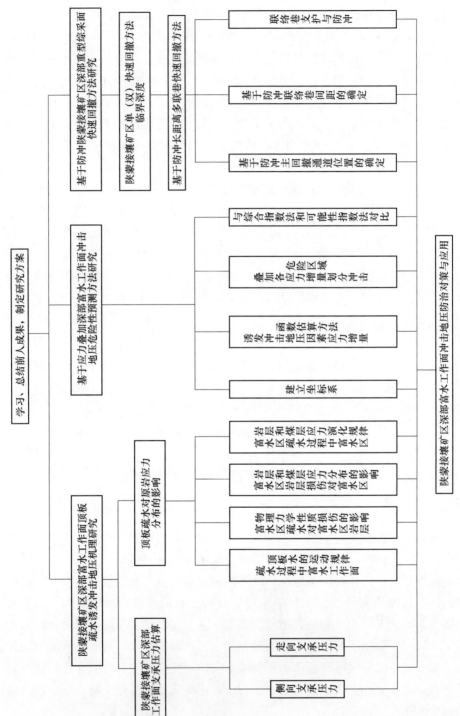

图1-9　研究技术路线

2 陕蒙接壤深部矿区工作面地质赋存特征

2.1 陕蒙接壤深部矿区煤层埋深分布特征及冲击地压临界深度

2.1.1 陕蒙接壤深部矿区煤层埋深分布特征

陕蒙接壤矿区内新建许多矿井，矿区内部分矿井首采煤层埋深见表2-1，从表中可知，浅部神东矿区和榆神矿区煤层埋深范围 53~280m，榆横矿区、呼吉尔特矿区和纳林河矿区煤层埋深范围分别为 415~655m、608~880m 和 550~720m，新街矿区煤层埋深为 398~800m，其中靠近呼吉尔特矿区采深较大，如红庆河煤矿，靠近神东矿区边界的区域较浅，如察哈素和马泰壕煤矿。根据煤层赋存条件，呼吉尔特矿区采深最大，往北部的新街矿区、往南部的纳林河矿区和榆横矿区煤层埋深依次减小。

表 2-1 陕蒙接壤矿区若干矿井首采煤层埋深

矿区名称	矿井名称	采深/m	综合采深/m
神东矿区	石屹台	53~100	53~260
	大柳塔	80~275	
	补连塔	109~260	
	上湾	72~87	
榆神矿区	锦界	80~130	83~280
	凉水井	93	
	大保当	83~280	
新街矿区	红庆河	665	398~800
	马泰壕	420	
	察哈素	398	
榆横矿区	乌苏海则	425~550	415~655
	大海则	548~655	
	红石桥	415~520	

续表 2-1

矿区名称	矿井名称	采深/m	综合采深/m
呼吉尔特矿区	石拉乌素	660	608~800
	巴彦高勒	608~693	
	葫芦素	662	
	母杜柴登	650	
	门克庆	650	
纳林河矿区	纳林河二号	550	550~720
	营盘壕	720	

以榆横矿区乌苏海则→纳林河矿区纳林河二号井→呼吉尔特矿区石拉乌素→新街矿区红庆河→新街矿区察哈素走向为剖面，陕蒙接壤深部矿区首采煤层埋深变化趋势如图 2-1 所示。从图中可知，陕蒙接壤深部矿区煤层埋深从大到小依次为呼吉尔特矿区>新街矿区南部>纳林河矿区>榆横矿区。

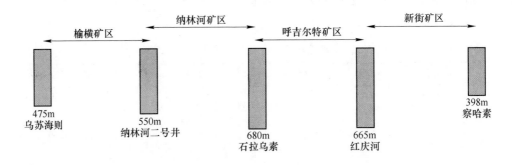

图 2-1　陕蒙接壤深部矿区首采煤层埋深变化趋势

2.1.2　陕蒙接壤深部矿区冲击地压临界深度

据统计，陕蒙接壤深部矿区发生冲击最小采深见表 2-2，从表中可知，陕蒙接壤深部矿区发生冲击的最小采深为 550~675m，平均为 615m。

表 2-2　陕蒙接壤深部矿区发生冲击的最小采深

矿井名称	采深/m	矿井名称	采深/m	矿井名称	采深/m
门克庆	650	红庆河	675	巴彦高勒	608
纳林河二号井	550	母杜柴登	650	葫芦素	662

综合上述可知，陕蒙接壤深部矿区煤层埋深西部最大，南部和北部次之，从大到小依次为呼吉尔特矿区＞新街矿区南区＞纳林河矿区＞榆横矿区；与此同时，该矿区发生冲击的初始采深为550~675m，平均为615m。

2.2　陕蒙接壤深部矿区主采煤层及冲击倾向性

冲击地压的发生不仅与煤岩体中的应力有关，还取决于煤层的冲击倾向性。生产实践和实验室研究表明，煤体强度越高，诱发冲击地压的临界应力越小，煤体强度越小，诱发冲击地压的临界应力越大。因此，调研煤层的冲击倾向性是研究陕蒙接壤深部矿区冲击地压发生机理的前提。

2.2.1　主采煤层

侏罗系延安组是陕蒙接壤深部矿区唯一的含煤地层，该含煤地层由东北向西南方向延伸，含有6个煤层组，共10~25煤层，倾角为3°~7°，近水平煤层，厚度为78~320m，均厚约200m。

侏罗系中统延安组（$J_{1-2}y$）从下往上依次划分为3个岩段：一岩段、二岩段和三岩段。

（1）一岩段（$J_{1-2}y^1$）。位于延安组底部，由延安组底界至5煤组顶板砂岩底界，该岩段厚度79.51~149.63m，平均117.36m。该岩段包含的煤层厚度由北向南逐渐增大，包含5、6煤组，含煤10层，即5-1、5-1$_下$、5-2、5-3、5-3$_下$、6-1、6-2、6-2$_下$、6-3和6-4，局部可采煤层5层，即5-1、5-2、6-1、6-2和6-3煤层，其余为不可采煤层。

（2）二岩段（$J_{1-2}y^2$）。位于延安组中部，该岩段从5号煤层组顶部砂岩底界至3煤顶板砂岩顶界，厚度为61.75~103.90m，平均82.41m。该岩段包含的煤层厚度由北向南逐渐增大，包含3、4煤组，含煤5层，即3-1$_上$、3-1、3-2、4-1和4-2煤层，其中3-2煤层为不可采煤层，局部可采煤层为3-1$_上$和4-2，全区可采煤层为3-1和4-1。

（3）三岩段（$J_{1-2}y^3$）。位于延安组上部，该岩段从3号煤层组顶板砂岩底界至延安组顶界，厚度为0.8~54.3m。包含1、2煤组，含煤6层，即1-2$_上$、1-2、2-1、2-2$_上$、2-2和2-2$_中$煤层，其中，2-1、2-2$_上$、2-2和2-2$_中$为局部可采煤层，其余为不可采煤层。

煤层赋存情况见表2-3，从表中可知，陕蒙接壤深部矿区含有多个煤层，全区稳定赋存煤层为3-1和4-1煤层，其他煤层为局部赋存煤层，主要开采煤层为2-2、3-1、4-1和6-2等煤层。

表 2-3　陕蒙接壤深部矿区可采煤层

煤层	煤层厚度/m 最小值~最大值 平均值	层间距/m 最小值~最大值 平均值	稳定程度
3-1上	0.97~7.00 2.55	0.8~27.75 12.42	不稳定
3-1	0.5~10.05 6.23	25.45~73 47.07	较稳定
4-1	0.7~6.6 3.13	0.25~26.95 8.75	稳定
4-2	0.28~2.96 1.9	0.75~34.10 14.97	稳定
5-1	0.20~2.45 1.14	1.45~25.72 10.05	较稳定
5-2	0.20~4.8 1.01	8.05~43.77 24.90	较稳定
6-1	0.40~8.45 3.09	0.80~14.97 4.57	较稳定
6-2	0.25~1.93 0.77	0.85~37.68 18.63	不稳定
6-3	0.25~7.4 1.59		较稳定
2-1	0~2.87 0.64	7.40~60.90 41.91	不稳定
2-2上	0.64~7.72 5.43	0.20~30.55 4.09	稳定
2-2中	0~10.09 3.91	6.72~42.28 19.47	不稳定
3-1	0~7.96 1.69	50.8~77.16 60.14	稳定
4-1	2.77~4.35 3.77	31.05~66.38 42.69	稳定
4-2中	0.73~4.10 1.59	12.89~31.23 22.90	较稳定
5-1	0.30~4.60 2.03	16.28~40.52 30.59	较稳定
5-2	0.23~5.60 2.84	9.37~34.28 18.67	较稳定
6-2	3.65~7.47 6.36		较稳定

新街矿区红庆河可采煤层

呼吉尔特矿区拉乌素可采煤层

煤层	煤层厚度/m 最小值~最大值 平均值	层间距/m 最小值~最大值 平均值	稳定程度
2-2	4.51~10.24 6.75	7.86~36.89 22.86	稳定
2-3	0.36~0.61 0.47	20.10~48.87 33.89	不稳定
3-1	5.45~7.11 6.24(74)	24.45~48.45 34.27	稳定
4-1	1.25~3.20 2.22(74)		稳定
4-2	0.18~1.05 0.63(24)	1.05~15.50 8.27	不稳定
5-1	0.20~1.74 0.65(64)	1.20~34.40 16.76	不稳定
5-2	0.20~1.10 0.49(49)	1.56~29.75 11.27	不稳定
6-1	0.20~1.45 0.74	8.55~46.90 23.74	不稳定

注：纳林河矿区营盘壕煤矿

2.2.2 煤层冲击倾向性

目前，陕蒙接壤区大采深矿区处于初始开采阶段，调研并选取了巴彦高勒煤矿、石拉乌素煤矿和营盘壕煤矿等三个矿井的煤层冲击倾向性鉴定结果进行分析，见表2-4。

（1）巴彦高勒煤矿：3-1煤体平均单轴抗压强度为22MPa，弹性能量指数为17.06，冲击能量指数为15.68，经评定具有强冲击倾向性。

（2）石拉乌素煤矿：2-2煤体单轴抗压强平均为17.6MPa，弹性能量指数为12.3，冲击能量指数为2.47，经评定具有强冲击倾向性。

（3）营盘壕煤矿：2-2煤体单轴抗压强平均为21.8MPa，弹性能量指数为11.8，冲击能量指数为4.6，经评定具有强冲击倾向性。

表2-4 陕蒙接壤深部矿区首采煤层冲击倾向性

	单轴抗压强度/MPa	22	
巴彦高勒煤矿 3-1	弹性能量指数	17	强冲击倾向性
	冲击能量指数	15.7	

石拉乌素煤矿2-2	单轴抗压强度/MPa	17.6	强冲击倾向性
	弹性能量指数	12.3	
	冲击能量指数	2.47	
营盘壕煤矿2-2	单轴抗压强度/MPa	21.8	强冲击倾向性
	弹性能量指数	11.8	
	冲击能量指数	4.6	

综合上述可知,陕蒙接壤深部矿区赋存6个煤层组,共10~25煤层,全区稳定赋存煤层为3-1和4-1两个煤层,其他煤层为局部赋存煤层,主要开采煤层为2-2、3-1、4-1和6-2煤层;与此同时,该矿区首采煤层普遍具有强冲击倾向性。

2.3 陕蒙接壤深部矿区顶板水分布特征及工作面充水源

陕蒙接壤深部矿区存在顶板水,根据现场微震监测结果显示,顶板疏水后,工作面接近富水区过程中,微震事件主要分布在富水区边缘和富水区之间(见图1-4和图1-5)。因此,对陕蒙接壤深部矿区顶板水的赋存特征以及充水源的分析,是研究顶板水与冲击地压关系的前提。

2.3.1 顶板水

2.3.1.1 含水层

根据陕蒙接壤深部矿区的地层条件,该矿区内含水层可划分为:松散岩层孔隙潜水含水岩组、碎屑岩层孔隙潜水含水岩组和基岩裂隙承压水含水岩组:

(1)松散岩层孔隙潜水含水岩组。主要包括埋深较浅富水性较好的全新统冲积、风积地层和上更新统的萨拉乌苏组地层。上述含水地层基本全区广泛分布,厚度最大可达数百米以上,总体上松散地层质地相对均一、结构松散、孔隙率大、透水性强,易于接受大气降水的补给,具有极强的调蓄能力。该含水岩组水位埋深一般小于2m,仅在地势较高区域水位埋深较大。

(2)碎屑岩层孔隙潜水含水岩组。主要是白垩系地层,自上向下,可划分为环河含水岩组和洛河含水岩组,与上覆松散岩层孔隙潜水含水岩组之间无全区稳定的隔水层,具有潜水水力特征;洛河含水岩组岩性为河流相砂岩,厚度为100~300m,埋藏深度较大,富水性较差。

(3)基岩裂隙承压水含水岩组。主要包括直罗组和延安组,上述地层岩性主要为砂岩、砂质泥岩、泥岩和煤层,该岩层组全区分布,埋深较大,没有出露,基岩原生节理,次生构造裂隙灯构成水的含储水空间,总体上裂隙发育程度一般，透水性与导水性能差，富水性弱，与上覆潜水联系较小。

2.3.1.2　隔水层

陕蒙接壤区大采深矿井的主要隔水层：侏罗系中统安定组、侏罗系中下统延安组顶部隔水层及侏罗系中下统延安组底部隔水层：

（1）侏罗系中统安定组隔水层。岩性主要为灰紫、暗紫色泥岩和砂质泥岩，厚度33.55～195.55m，平均95.91m，全区赋存稳定，隔水性能较好。

（2）侏罗系中下统延安组顶部隔水层。岩性以灰色泥岩、砂质泥岩为主，隔水层平均厚度为12m，隔水层厚度不稳定，局部相变为砂岩，但分布连续，隔水性能较好。

（3）侏罗系中下统延安组底部隔水层。该隔水层位于6煤层底部，岩性主要为深灰色砂质泥岩，平均厚度为6m，分布较连续，局部相变为砂岩，隔水性能较好。

2.3.2　煤层开采矿井充水特征

第四系冲积、风积和萨拉乌苏组等地层厚度最大为上百米，具有良好的储水能力，富水性好，与此同时，下伏有以灰紫、暗紫色泥岩和砂质泥岩为主的安定组隔水层，平均厚度为95.91m，全区稳定赋存。底部为直罗组和含煤地层的延安组，主要由砂岩组成，由于该基岩厚度较大，采动裂隙主要发育至延安组，局部发育至直罗组，砂岩裂隙水通过采动裂缝易形成稳定的矿井涌水；上覆富水良好的第四系松散孔隙潜水和白垩志丹组碎屑孔隙潜水等地下水受采掘扰动裂缝影响极小；采掘活动在地面形成的沉陷区使潜水面边界往下移动，在水位较浅的地段易形成地面积水，从而导致地下水由潜水蒸发转化成极强的水面蒸发，是松散孔隙水流失的一种形式，如图2-2所示。

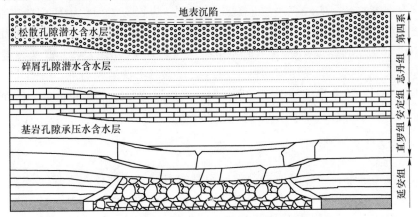

图2-2　陕蒙接壤区大采深矿井顶板水环境系统

图 2-3 所示为呼吉尔特矿区石拉乌素煤矿首采工作面回采期间矿井涌水量和含水层（志丹组和直罗组）水位变化曲线。图中首采工作面涌水量一般为 0m³/d 逐渐增加到 660m³/d，直罗组水位线逐渐下降，志丹组水位线变化较小，综上所述可知，第四系松散孔隙潜水含水层和白垩系碎屑孔隙潜水含水层的顶板水在矿井持续排水情况下，水位基本不变化，直罗组随着矿井排水，水位逐渐下降，因此，该区域开采的充水因素主要是直罗组含水层和延安组含水层。

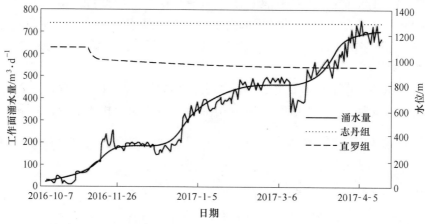

图 2-3　石拉乌素煤矿首采工作面涌水量与含水层水位线

综合上述可知，陕蒙接壤深部矿区煤层上覆含水地层分别为第四系、志丹组、直罗组以及延安组，隔水地层分别为安定组、延安组顶部隔水层及延安组底部隔水层。根据隔含水层厚度及层位分布特征和现场水文监测资料，工作面采掘过程的充水源以直罗组和延安组的基岩裂隙承压水为主。

2.4　陕蒙接壤深部矿区地层特征

现有研究和开采实践表明"上覆岩层运动—煤层应力演化—矿山压力显现"三者之间存在相关性。上覆岩层运动是煤层应力演化的根本原因，煤层应力演化是矿山压力显现的前提，矿山压力显现是上覆岩层运动的结果。根据关键层理论，厚度大、强度高的厚硬岩层的不同运动状态对上覆岩层分布起决定性作用。因此，研究分析陕蒙接壤深部矿区上覆厚硬岩层层位和厚度的分布对工作面应力场的演化具有重要意义。

2.4.1　陕蒙接壤深部矿区地层层位特征

陕蒙接壤深部矿区含煤地层为侏罗纪延安组，其上部还包含侏罗纪直罗组、侏罗纪安定组、白垩纪志丹组和第四系。通过调研纳林河二号井、营盘壕煤矿、石拉乌素矿和红庆河煤矿的地层条件，陕蒙接壤深部矿区地层层位厚度如图 2-4

所示,从图中可知,从北(新街矿区)到南(纳林河矿区),第四系地层厚度依次增加,最大为77m,最小为4m;志丹组地层厚度从北到南方向依次减小,最大为442m,最小为124m;安定组全区赋存稳定,厚度处于79～125m之间;直罗组地层厚度从北到南依次减小,最大厚度为187m,最小为90m;首采煤层顶部与直罗组底部的距离从南到北逐渐减小,最大厚度为88m,最小为14m。

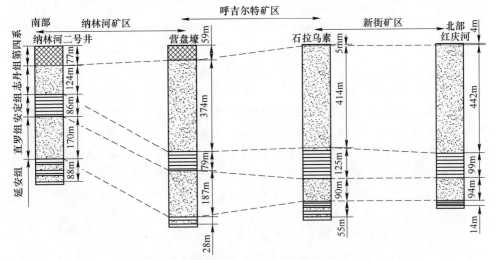

图2-4 陕蒙接壤深部矿区4个矿井地层层位示意图

综合4个矿井柱状图,陕蒙接壤深部矿区地层层位和厚度特征如图2-5所示,煤层顶板与直罗组底板、安定组底板、志丹组底板、第四系分别相距14～88m、108～259m、207～346m、469～669m;延安组、直罗组、安定组、志丹组及第四系的地层厚度分别为14～88m、90～187m、79～125m、124～442m。

2.4.2 陕蒙接壤深部矿区地层岩性特征

根据陕蒙接壤深部矿区地质勘查,全区地层岩性组成如下:

(1)第四系(Q)。区内包括全新统和上更新统。全新统地层由湖泊相沉积层、冲洪积层和风积层组成,厚度为0～50m;上更新统性为黄色、灰黄色、灰绿色粉细砂及黄土状亚砂土,含钙质结核,疏松,具水平层理和斜层理,全区赋存,厚度40～60m。

(2)白垩系志丹群(K_1zh)。该地层岩性为一套浅紫、粉红色细砂岩与灰白色中～细砂岩互层,岩石成分以石英、长石为主,具大型槽状、板状斜层理。底部为黄绿色粗砂岩及灰黄绿色砾岩、砂砾岩,含砾粗砂岩互层,具平行层理,钙质胶结。地层厚度276.23～469.46m,平均342.29m。与下伏地层呈不整合接触。

(3)侏罗系中统安定组(J_2a)。根据地质勘查报告,该地层岩性主要为灰紫、暗紫色泥岩，中夹灰绿色砂质泥岩、泥岩、粉砂岩呈互层出现。地层厚度 33.55~195.55m，平均95.91m，与下伏直罗组（J_2z）呈整合接触。

（4）侏罗系中统直罗组（J_2z）。根据地质勘查报告，该地层岩性为灰绿、青灰色中~粗砂岩，中夹粉砂岩、砂质泥岩。地层厚度 62~213m，平均148m。与下伏地层呈平行不整合接触。

（5）侏罗系中统延安组（$J_{1-2}y$）。延安组为主要含煤地层，按沉积旋回划分为3个岩段，下部为灰白、灰色粗砂岩和含砾粗砂岩。主要成分为石英、长石，泥质填隙及高岭土质胶结。中部为浅灰色、灰色厚层状砂岩，薄层粉砂岩、泥质粉砂岩、泥岩。上部为灰白色高岭土质胶结的细砂岩、粉砂岩，局部相变为砂质泥岩和泥岩。地层厚度 224~320m，平均263m。与下伏地层呈平行不整合接触。

表 2-5~表 2-8 所列分别为纳林河二号井煤矿、石拉乌素煤矿、营盘壕煤矿和红庆河煤矿上覆岩层分布，从表中可知，志丹组由强度相对较

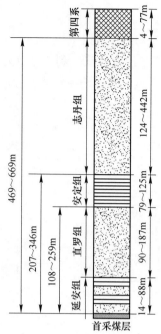

图 2-5　陕蒙接壤深部矿区地层层位示意图

大的砂岩组为主要成分，全区赋存稳定；直罗组以强度相对较大的砂岩组为主要成分，局部含有砂质泥岩，如纳林河二号井煤矿和红庆河煤矿以砂岩组成为主，营盘壕煤矿和石拉乌素煤矿则局部含有砂质泥岩；安定组则以砂质泥岩和泥岩为主，局部含有砂岩；含煤延安组以砂岩为主，局部存在泥岩和砂质泥岩。

表 2-5　纳林河二号井煤矿主采煤层上覆岩层分布

地　层	层厚/m	岩　性
第四系	76.74	覆盖物
志丹组	123.76	中粒砂岩
安定组	10.7	砂质泥岩
	27.9	细粒砂岩
	38.3	粉砂岩
	9.8	砂质泥岩
直罗组	12.3	粗粒砂岩
	31	细粒砂岩

地　层	层厚/m	岩　性
直罗组	5.8	粗粒砂岩
	27.5	中粒砂岩
	15.4	细粒砂岩
	15.4	粗粒砂岩
	35.2	细粒砂岩
	5.6	粗粒砂岩
	22.1	细粒砂岩
延安组	20.6	砂质泥岩
	6.55	粉砂岩
	0.85	2-1 煤层
	31.5	泥岩
	9.15	砂质泥岩
	14.75	中粒砂岩
	5.24	粉砂岩
	5.83	3-1 煤层
	6.2	砂质砂岩

表 2-6　石拉乌素煤矿主采煤层上覆岩层分布

地　层	层厚/m	岩　性
第四系	5.0	覆盖土
志丹群	22.9	细砂岩
	13.5	粉砂岩
	19.5	细砂岩
	8.2	粉泥岩
	7.4	细砂岩
	5.5	粉砂岩
	20.5	中砂岩
	26.5	细砂岩
	7.0	粉砂岩
	27.1	细砂岩

地 层	层厚/m	岩 性
志丹群	9.0	粉砂岩
	25.0	中砂岩
	13.6	细砂岩
	12.5	中砂岩
	7.8	细砂岩
	26.8	中砂岩
	17.6	细砂岩
	4.5	粗砂岩
志丹组	32.2	细砂岩
	18.6	中砂岩
	3.0	粉砂岩
	19.1	中砂岩
	18.6	细砂岩
	24.1	粗砂岩
	24.3	细砂岩
安定组	15.1	砂质泥岩
	2.0	中砂岩
	14.1	砂质泥岩
	18.4	泥岩
	8.3	砂质泥岩
	5.5	细砂岩
	19.6	砂质泥岩
	12.8	细砂岩
	10.5	砂质泥岩
	18.6	泥岩
直罗组	17.4	细砂岩
	43.3	中砂岩
	15.5	粉砂岩
	6.5	细砂岩
	7.1	粉砂岩

续表 2-6

地 层	层厚/m	岩 性
	28.6	砂质泥岩
	0.4	2-1 煤层
	3.6	泥岩
	0.3	砂质泥岩
	5.4	粉砂岩
	15.0	细砂岩
	0.2	2-2上 煤层
延安组	0.5	砂质泥岩
	0.4	2-2上 煤层
	0.2	泥岩
	0.3	2-2上 煤层
	0.4	泥岩
	5.0	2-2上 煤层
	2.5	砂质泥岩
	11.2	细砂岩

表 2-7 营盘壕煤矿主采煤层上覆岩层分布

地 层	层厚/m	岩 性
第四系	58.9	覆盖层
	24.71	粉砂岩
	28.01	细砂岩
	40.3	中砂岩
	27.21	细砂岩
	14.93	中砂岩
	11.23	粗砂岩
志丹组	48.9	中砂岩
	33.96	粗砂岩
	20.5	中砂岩
	37.15	粗砂岩
	24.19	粉砂岩
	10.74	细砂岩
	52.25	粗砂岩

地　层	层厚/m	岩　性
安定组	7.13	泥岩
	3.59	砂质泥岩
	10.97	泥岩
	1.88	细砂岩
	12.09	泥岩
	2.69	细砂岩
	11.53	砂质泥岩
	4.11	泥岩
	4.04	粉砂岩
	1.82	砂质泥岩
	1.36	细砂岩
	17.67	砂质砂岩
直罗组	9.21	砂质泥岩
	2.39	细砂岩
	0.98	中砂岩
	5.07	粗砂岩
	15.73	砂质泥岩
	2.54	泥岩
	6.48	粉砂岩
	4.5	砂质泥岩
	2.63	细砂岩
	2.34	泥岩
	5.52	砂质泥岩
	3.49	细砂岩
	5.29	中砂岩
	11.86	粉砂岩
	6.96	细砂岩
	29.75	砂质泥岩
	3.21	细砂岩
	11.53	砂质泥岩

续表 2-7

地　层	层厚/m	岩　性
直罗组	12.02	粗砂岩
	18.05	粉砂岩
	5.09	中砂岩
	2.18	粗砂岩
	6.46	砂质泥岩
	2.34	细砂岩
	10.94	砂质泥岩
	0.98	粉砂岩
延安组	6.42	泥岩
	3.02	粗砂岩
	2.19	砂质泥岩
	5.08	粉砂岩
	6.47	细砂岩
	4.98	砂质泥岩
	2.79	2-2 煤层
	0.45	砂质泥岩
	4.24	2-2 煤层
	7.94	粉砂岩
	11.38	粗砂岩

表 2-8　红庆河煤矿主采煤层上覆岩层分布

地　层	层厚/m	岩　性
第四系	4	覆盖土
志丹组	10.15	中砂岩
	6.1	细砂岩
	35.67	中砂岩
	25.02	细砂岩
	14.4	砂质泥岩
	32.6	细砂岩
	21.11	中砂岩
	37.54	粗粒砂岩

地　层	层厚/m	岩　性
志丹组	28.41	细砂岩
	27.9	砂质泥岩
	59.5	中砂岩
	37.6	细砂岩
	27.41	中砂岩
	78.95	中砾岩
安定组	39.32	粗砂岩
	7.73	中砾岩
	2.7	砂质泥岩
	49.75	泥岩
直罗组	3.81	细砂岩
	42.17	中砂岩
	39	粗砂岩
	8.63	细砂岩
延安组	6	泥岩
	5.23	砂质泥岩
	0.5	3-1 煤层
	0.5	砂质泥岩
	0.7	细砂岩
	1.25	砂质泥岩
	6.85	3-1 煤层
	0.75	砂质泥岩
	4.4	细砂岩
	4.05	砂质泥岩
	1.4	中砂岩
	2	砂质泥岩
	5.15	粉砂岩
	0.55	砂质泥岩
	0.55	3-2 煤层
	1.15	砂质泥岩

地　层	层厚/m	岩　性
	0.8	中砂岩
延安组	0.6	砂质泥岩
	0.75	粉砂岩

综合上述可知，陕蒙接壤深部矿区存在两组巨厚砂岩组，分别位于直罗组和志丹组。直罗组和志丹组分别距煤层顶板 14~88m、207~346m，厚度分别为 90~187m、124~442m，其岩性以强度相对较大的砂岩组为主要成分，局部含有强度较弱的砂质泥岩。志丹组为关键岩层，控制着地层的运动，对工作面的安全回采具有重要影响。

2.5　本章小结

陕蒙接壤深部矿区的安全回采关系到我国能源西进战略的实施。本章在分析陕蒙接壤深部矿区地质赋存特征，为下一步研究陕蒙接壤深部矿区冲击地压发生机理提供基础，在此过程中，得出如下结论：

（1）陕蒙接壤深部矿区煤层埋深西部最大，南部和北部次之，从大到小依次为呼吉尔特矿区＞新街矿区南部＞纳林河矿区＞榆横矿区；与此同时，该矿区发生冲击最小采深为 550~675m，平均为 615m。

（2）陕蒙接壤深部矿区含有多个煤层，全区稳定赋存煤层为 3-1 煤层和 4-1 煤层，其他煤层为局部赋存煤层，主要开采煤层为 2-2 煤层、3-1 煤层、4-1 煤层和 6-2 煤层，该矿区首采煤层普遍具有强冲击倾向性。

（3）陕蒙接壤深部矿区煤层上覆含水地层分别为第四系、志丹组、直罗组以及延安组，隔水地层分别为安定组、延安组顶部隔水层及延安组底部隔水层。工作面采掘过程的充水源以直罗组和延安组的基岩裂隙承压水为主。

（4）陕蒙接壤深部矿区煤层与直罗组、安定组、志丹组、第四系分别相距 14~88m、108~259m、207~346m、469~669m；延安组、直罗组、安定组、志丹组及第四系的地层厚度分别为 14~88m、90~187m、79~125m、124~442m。

（5）陕蒙接壤深部矿区存在两组巨厚砂岩组，分别位于直罗组和志丹组。直罗组和志丹组分别距煤层顶板 14~88m、207~346m，厚度分别为 90~187m、124~442m，其岩性以强度相对较大的砂岩组为主要成分，局部含有强度较弱的砂质泥岩。其中志丹组为关键岩层，控制着地层的运动，对工作面的安全回采具有重要影响。

3 陕蒙接壤矿区深部富水工作面
顶板疏水诱发冲击地压机理

工作面煤体应力集中是过富水区时矿压显现强烈的主要原因（见图 1-2 和图 1-5）。在不考虑构造应力的影响下，对于深部富水工作面来讲，影响煤体应力分布的主要因素为支承压力和富水区疏水诱发集中应力。一方面，受工作面采动影响，在采空区四周形成支承压力，造成煤体应力集中；另一方面，富水区疏水过程中，水以岩石孔隙介质为通道向疏水孔中流动，在此过程中，水对岩石进行物理化学作用[112]，微观上表现为岩石孔隙结构损伤，宏观上表现为岩石强度降低，在岩石强度局部降低的过程中，岩层由均质向非均质转变，此时，在均质与非均质交界处应力将出现集中[128]，因此，顶板疏水对原岩应力分布具有重要的影响。

鉴于此，本章根据陕蒙接壤矿区深部矿井地层条件，建立工作面侧向和走向支承压力估算模型，并以 2-2$_\text{上}$201 工作面为例进行估算；与此同时，采用理论分析、实验、数值分析等方法，研究了疏水过程中富水工作面顶板水的运动规律，富水区疏水对富水区岩层物理力学性质损伤的影响，富水区岩层损伤对富水区岩层和煤层应力分布的影响，以及富水区疏水过程中富水区岩层和煤层应力演化规律，从而揭示了陕蒙接壤矿区深部富水工作面顶板疏水诱发冲击地压机理。

3.1 陕蒙接壤矿区深部工作面支承压力估算

现有研究和开采实践表明"上覆岩层运动—煤层应力演化—矿山压力显现"三者之间存在相关性。上覆岩层运动是煤层应力演化的根本原因，煤层应力演化是矿山压力显现的前提，矿山压力显现是上覆岩层运动的结果。根据陕蒙接壤矿区深部矿井地层赋存特征，建立该矿井非充分采动下工作面侧向和走向支承压力估算模型，并以石拉乌素煤矿 2-2$_\text{上}$201 首采工作面为例进行估算。这为揭示工作面冲击地压发生机理、确定超前支护范围和主回撤通道的位置提供理论依据。

3.1.1 陕蒙接壤矿区深部矿井地层特征

根据 2.4.1 节分析可知，陕蒙接壤矿区深部矿井厚硬地层为直罗组和志丹组砂岩组，分别距煤层顶板 14～88m、207～346m，厚度分别为 90～187m、124～442m，其中直罗组的岩性以强度相对较大的砂岩组为主要成分，局部含有强度较弱的砂质泥岩；志丹组的岩性以强度相对较大的砂岩组为主要成分，且为关键岩层，控制着地层的运动，对工作面的安全回采具有重要影响。

3.1.2 陕蒙接壤矿区深部工作面支承压力估算模型

当前陕蒙接壤矿区深部矿井正处于开发建设阶段，根据陕蒙接壤矿区深部矿井地层特征、开采条件，建立了非充分采动下工作面侧向支承压力和走向支承压力估算模型，如图 3-3 和图 3-4 所示，估算模型以岩层组为单位，每一岩层组中的关键层控制着该岩层组的运动[129,130]，非关键岩层的自重应力以均布载荷作用于关键岩层上。随着工作面推进，采空区上覆岩层悬露范围越来越大，各岩层组中的关键层自下而上先后在煤壁里侧断裂，岩层组之间产生离层，煤壁至各关键层断裂位置的连线称为断裂线，该断裂线与水平线的夹角 α 称为断裂角，关键层触矸点连线与水平方向的夹角为触矸角 β。

随着工作面回采，岩层组从下往上依次经历弯曲、初次断裂和周期断裂，不同的运动状态其载荷传递机制也不同。

3.1.2.1 岩层组载荷传递机制

A 岩层组破断前载荷传递机制

随着工作面推采，岩层组破断前悬露部分的载荷由四周的下位岩体承担，图 3-1 所示为第 i 个岩层组破断前载荷传递机制示意图。从图 3-1（a）中可知，第 i 个岩层组的重量 Q_i 为：

$$Q_i = \gamma l_i(M_i + m_i)l_i' \tag{3-1}$$

$$l_i = (a + 2h_i\cot\alpha_1) \tag{3-2}$$

$$l_i' = (b + 2h_i\cot\alpha_2) \tag{3-3}$$

式中　a——采空区侧向方向斜长，m；

　　　b——采空区走向方向斜长，m；

　　α_1——工作面侧向方向断裂角，（°）；

　　α_2——工作面走向方向断裂角，（°）；

　　h_i——第 i 个关键层中部到煤体顶板垂直距离，m；

　　γ——岩层组的平均容重，N/m³；

　　l_i——第 i 个关键层中部侧向的跨度，m；

　　l_i'——第 i 个关键层中部走向的跨度，m；

　　M_i——第 i 个关键层的厚度，m；

　　m_i——第 i 个关键层载荷的厚度，m。

岩层组的重量通过接触面传递给四周下位岩体，假设岩层组向下传递的力为

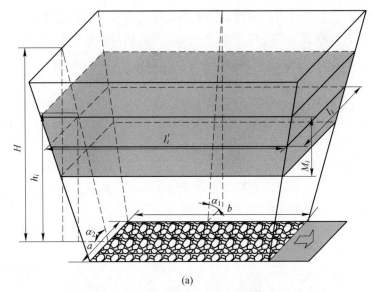

(a)

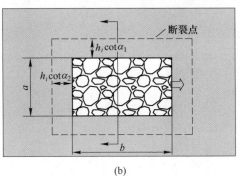

(b)

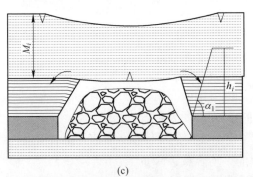

(c)

图 3-1　第 i 个岩层组破断前载荷传递机制示意图

（a）三维立体图；（b）平面图；（c）侧向剖面图

均匀分布，则任意破断面单位长度下位岩体承受岩层组的重量 q_i 为：

$$q_i = Q_i / 2 \left[\left(a + b + 2h_i \cot\alpha_1 + 2h_i \cot\alpha_2 \right) \right] \tag{3-4}$$

B 岩层组破断后载荷传递机制

随着工作面推进，采空区面积增大，岩层组悬顶面积也将增大，岩层组开始出现初次破断，随后出现周期断裂，第 i 个岩层组断裂后载荷传递机制示意图如图 3-2 所示。第 i 个岩层组发生断裂后，一端为煤体内，另一端触矸位于采空区内，岩层组的重量主要传递至下位岩体和采空区矸石上，一般比例系数为 1/2。假设不考虑拐角效应，则任意破断面侧向方向单位长度下位岩体承受岩层组的重量 q_i 为：

$$Q_i = \gamma l_i (M_i + m_i) b \tag{3-5}$$

$$q_i = Q_i / (2b) = \gamma l_i (M_i + m_i) / 2 \tag{3-6}$$

$$l_i = h_i (\cot\alpha_1 + \cot\beta_1) \tag{3-7}$$

式中　β_1——关键层触矸角，（°）。

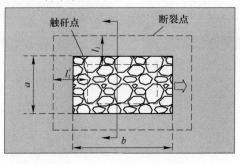

(a)

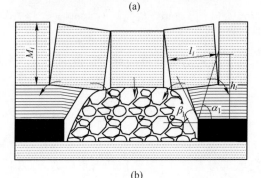

(b)

图 3-2　第 i 个岩层组破断后载荷转移示意图

（a）平面图；（b）侧向剖面图

同理可知，任意破断面走向方向单位长度下位岩体承受岩层组的重量为：

$$q_i' = \gamma l_i' (M_i + m_i) / 2 \tag{3-8}$$

$$l_i' = h_i (\cot\alpha_2 + \cot\beta_2) \tag{3-9}$$

3.1.2.2　工作面侧向支承压力估算模型

在非充分采动下，陕蒙接壤矿区深部工作面侧向支承压力估算模型如图 3-3

所示。上覆岩层由高位岩层和低位岩层组成，低位岩层由直接顶、基本顶及其上覆部分岩层组成，由于距煤层较近，随着工作面回采，依次往上发生弯曲、初次断裂、周期断裂，并形成承载结构，造成工作面煤壁应力显现；高位岩层距煤层较远，受煤层采动影响较小，以均布载荷作用于下覆岩层。高位岩层和低位岩层的共同作用导致工作面周边出现支承压力。

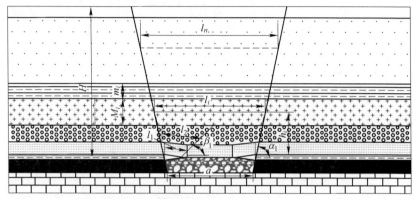

图 3-3 非充分采动下陕蒙接壤矿区深部工作面侧向支承压力估算模型

假设关键层传递至煤层上的应力增量接近等腰三角形分布，则第 i 个关键传递至侧向一侧的煤体应力增量见式（3-10）。

$$\Delta\sigma_i = \begin{cases} \Delta\sigma_{\text{max}i}x\tan\alpha_1/h_i & 0 \leqslant x < h_i/\tan\alpha_1 \\ 2\Delta\sigma_{\text{max}i}(1 - x\tan\alpha_1/h_i) & h_i/\tan\alpha_1 \leqslant x < 2h_i/\tan\alpha_1 \\ 0 & x \geqslant 2h_i/\tan\alpha_1 \end{cases} \quad (3\text{-}10)$$

式中 $\Delta\sigma_{\text{max}i}$——第 i 个关键层侧向方向煤体产生的最大应力增量值，MPa。

$$\Delta\sigma_{\text{max}i} = q_i\tan\alpha_1/h_i \quad (3\text{-}11)$$

$$h_i = M_z + M_i/2 + \sum_1^{i-1}(m_j + M_j) \quad (3\text{-}12)$$

式中 M_z——工作面直接顶厚度，m。

工作面的侧向支承压力函数 σ_{cz} 主要包括自重应力 σ_{z1} 和应力增量 $\Delta\sigma_i$ 两部分组成。

$$\sigma_{cz} = \sigma_{z1} + \Delta\sigma = \sigma_z + \sum_1^n \Delta\sigma_i \quad (3\text{-}13)$$

其中，自重应力 σ_{z1} 为：

$$\sigma_{z1} = \begin{cases} \gamma M_z & 0 \leqslant x < M_z/\tan\alpha_1 \\ \gamma x\tan\alpha_1 & M_z/\tan\alpha_1 \leqslant x < H/\tan\alpha_1 \\ \gamma H & x \geqslant H/\tan\alpha_1 \end{cases} \quad (3\text{-}14)$$

综合式（3-10）~式（3-14），可估算出工作面侧向支承压力函数。

3.1.2.3 工作面走向支承压力估算模型

图 3-4 所示为非充分采动下陕蒙接壤矿区深部工作面走向支承压力估算模型，其与侧向支承压力估算模型类似，但存在以下两点不同：

（1）在非充分采动阶段，上覆岩层破裂高度受采空区短边尺寸影响，关键层在走向方向出现较大跨距的悬顶，跨距为 l_i'。

（2）走向方向断裂角为 α_2。

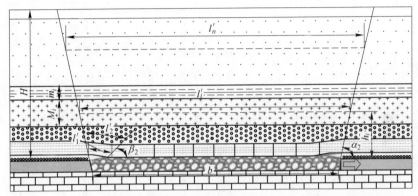

图 3-4　非充分采动下陕蒙接壤矿区深部工作面走向支承压力估算模型

假设关键层传递至煤层上的应力增量近似为等腰三角形分布，第 i 个关键层传递至走向一侧的煤体应力增量见式（3-15）。

$$\Delta\sigma_i = \begin{cases} \Delta\sigma_{maxi}x\tan\alpha_2/h_i & 0 \leqslant x < h_i/\tan\alpha_2 \\ 2\Delta\sigma_{maxi}(1 - x\tan\alpha_2/h_i) & h_i/\tan\alpha_2 \leqslant x < 2h_i/\tan\alpha_2 \\ 0 & x \geqslant 2h_i/\tan\alpha_2 \end{cases} \quad (3\text{-}15)$$

其中

$$\Delta\sigma_{maxi} = q_i\tan\alpha_2/h_i$$

工作面走向支承压力函数 σ_{zz} 由自重应力 σ_{z2} 和应力增量 $\Delta\sigma_i$ 两部分组成，自重应力 σ_{z2} 为：

$$\sigma_{z2} = \begin{cases} \gamma M_z & 0 \leqslant x < M_z/\tan\alpha_2 \\ \gamma x\tan\alpha_2 & M_z/\tan\alpha_2 \leqslant x < H/\tan\alpha_2 \\ \gamma H & x \geqslant H/\tan\alpha_2 \end{cases} \quad (3\text{-}16)$$

根据具体地质条件，综合式（3-15）和式（3-16），可求得工作面走向支承压力函数。

3.1.3 估算实例

以石拉乌素煤矿 $2\text{-}2_{上}201$ 首采工作面为例，对工作面支承压力进行估算，确定 2-2$_\text{上}$201 首采工作面支承压力分布规律。

2-2$_\text{上}$201 为 222 采区首采工作面，四周实体煤，东部为 2-2$_\text{上}$202 工作面，西部 2-2$_\text{上}$201A 工作面，采深 660~720m，宽度为 330m，走向长度为 830m。工作面主采 2-2$_\text{上}$煤层，平均厚度 5.0m，平均倾角 1°，地质构造相对简单。根据煤岩冲击倾向性鉴定结果，2-2$_\text{上}$煤层平均动态破坏时间 D_T = 87ms，平均弹性能指数 W_ET = 12.31，平均冲击能指数 K_E = 2.47，平均单轴抗压强度 σ_c = 17.6MPa，具有强冲击倾向性，如图 3-5 所示，石拉乌素煤矿综合岩层分布特征见表 3-1。

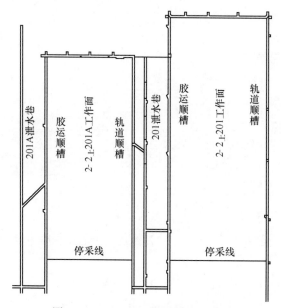

图 3-5　2-2$_\text{上}$201 工作面平面示意图

表 3-1　石拉乌素煤矿综合岩层分布特征

地　层	层厚/m	岩　性
第四系	5.0	覆盖土
志丹组	22.9	细砂岩
	13.5	粉砂岩
	19.5	细砂岩
	8.2	粉泥岩
	7.4	细砂岩
	5.5	粉砂岩
	20.5	中砂岩
	26.5	细砂岩
	7.0	粉砂岩
	27.1	细砂岩

续表 3-1

地 层	层厚/m	岩 性
志丹组	9.0	粉砂岩
	25.0	中砂岩
	13.6	细砂岩
	12.5	中砂岩
	7.8	细砂岩
	26.8	中砂岩
	17.6	细砂岩
	4.5	粗砂岩
	32.2	细砂岩
	18.6	中砂岩
	3.0	粉砂岩
	19.1	中砂岩
	18.6	细砂岩
	24.1	粗砂岩
	24.3	细砂岩
安定组	15.1	砂质泥岩
	2.0	中砂岩
	14.1	砂质泥岩
	18.4	泥岩
	8.3	砂质泥岩
	5.5	细砂岩
	19.6	砂质泥岩
	12.8	细砂岩
	10.5	砂质泥岩
	18.6	泥岩
直罗组	17.4	细砂岩
	43.3	中砂岩
	15.5	粉砂岩
	6.5	细砂岩
	7.1	粉砂岩
延安组	28.6	砂质泥岩
	0.4	2-1 煤层
	15.0	细砂岩

地 层	层厚/m	岩 性
延安组	0.3	砂质泥岩
	5.4	粉砂岩
	3.6	泥岩
	0.2	2-2$_\text{上}$ 煤层
	0.5	砂质泥岩
	0.4	2-2$_\text{上}$ 煤层
	0.2	泥岩
	0.3	2-2$_\text{上}$ 煤层
	0.4	泥岩
	5.0	2-2$_\text{上}$ 煤层
	2.5	砂质泥岩
	11.2	细砂岩

3.1.3.1   2-2$_\text{上}$201 工作面侧向支承压力估算

A   主要参数选择

a   侧向岩层断裂角 α_1 和触矸角 β_1 确定

根据石拉乌素煤矿 2-2$_\text{上}$201 首采工作面回采期间的大能量微震事件垂直剖面投影，如图 3-6 所示。从图中可知，石拉乌素煤矿侧向岩层断裂角 α_1 和触矸角 β_1 分别为 83° 和 59°。

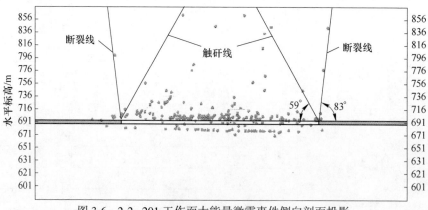

图 3-6   2-2$_\text{上}$201 工作面大能量微震事件侧向剖面投影

b   关键层划分及侧向悬跨距确定

根据矿山压力与控制理论，2-2$_\text{上}$201 工作面直接顶厚度为煤层厚度的 2～3

倍，结合表 3-1，可知，2-2$_{上}$201 工作面直接顶厚度为 11.3m，根据图 3-6 可知，上覆岩层破裂高度约为 160m，因此，煤层顶板约 11.3m 范围内为直接顶厚度，顶板 11.3~160m 范围内的岩层处于破断状态，其应力传递机制见图 3-2；顶板 160m 以外的上覆岩层处于悬顶状态，其应力传递机制见图 3-1。

根据表 3-1 可知，煤层上覆基岩可划分为 5 个关键层，即 $n=5$，其中，2 个关键层处于悬顶状态和 3 个关键层处于断裂状态。各关键层层位如下：第一个关键层为距煤层顶板 11.3m 厚度为 15m 的细砂岩，第二个关键层为距煤层顶板 26.7m 厚度为 28.6m 的砂质泥岩，第三个关键层为距煤层顶板 84.4m 厚度为 43.3m 的中砂岩，第四个关键层为距煤层顶板 174.2m 厚度为 12.8m 的细砂岩，第五个关键层为距煤层顶板 270m 厚度为 414.6m 的巨厚砂岩组。其中，后两者处于悬顶状态，前三者为断裂状态。因此，各个关键层中部到煤体顶板垂直距离 h_1、h_2、h_3、h_4 和 h_5 分别为 18.8m、41m、106m、180.6m 和 477m，根据式（3-2）和式（3-7）可求得不同运动状态下各关键层的侧向悬跨距（见式（3-17））。

$$\begin{cases} l_1 = 18.8 \times (\cot59° + \cot83°) = 13.6 \\ l_2 = 41 \times (\cot59° + \cot83°) = 29.7 \\ l_3 = 106 \times (\cot59° + \cot83°) = 76.7 \\ l_4 = 330 + 2 \times 180.6 \times \cot83° = 374.3 \\ l_5 = 330 + 2 \times 477.3 \times \cot83° = 447.2 \end{cases} \quad (3\text{-}17)$$

B 侧向支承压力估算结果

根据 2-2$_{上}$201 工作面实际情况，取第一个关键层参数 $h_1 = 18.8$m，$l_1 = 13.6$m，$M_1 = 15$m，$m_1 = 9.7$m；第二个关键层参数 $h_2 = 41$m，$l_2 = 29.7$m，$M_2 = 28.6$m，$m_2 = 29.1$m；第三个关键层参数 $h_3 = 106$m，$l_3 = 76.6$m，$M_3 = 43.3$m，$m_3 = 46.5$m；第四个关键层参数 $h_4 = 180.6$m，$l_4 = 374.3$m，$M_4 = 12.8$m，$m_4 = 95.8$m；第五个关键层参数 $h_5 = 477.3$m，$l_5 = 447.2$m，$M_5 = 414.6$m，$m_5 = 5$m。岩层侧向断裂角为 $\alpha_1 = 83°$，岩层走向断裂角为 $\alpha_2 = 84°$，岩层容重 $\gamma = 25$kN/m^3，工作面斜长 $a = 330$m，工作面走向长度 $b = 830$m，直接顶厚度 $M_z = 11.3$m，综合柱状图采深 $H = 711$m。

根据式（3-6）和式（3-11）可分别求得第一、二和三关键层在侧向方向产生的煤体最大应力增量为：

$$\begin{cases} \Delta\sigma_{max1} = q_1\tan\alpha_1/h_1 = \gamma l_1(M_1 + m_1)\tan\alpha_1/(2h_1) = 1.135 \\ \Delta\sigma_{max2} = q_2\tan\alpha_1/h_2 = \gamma l_2(M_2 + m_2)\tan\alpha_1/(2h_2) = 4.25 \\ \Delta\sigma_{max3} = q_3\tan\alpha_1/h_3 = \gamma l_3(M_3 + m_3)\tan\alpha_1/(2h_3) = 6.6 \end{cases} \quad (3\text{-}18)$$

根据式（3-4）和式（3-11）可分别求得第四和第五关键层在侧向方向产生

的煤体最大应力增量为：

$$\begin{cases} \Delta\sigma_{max4} = \gamma l_4(M_4 + m_4)l_4'\tan\alpha_1 / [2(l_4 + l_4')/h_4] = 16 \\ \Delta\sigma_{max5} = \gamma l_5(M_5 + m_5)l_5'\tan\alpha_1 / [2(l_5 + l_5')h_5] = 27 \end{cases} \quad (3\text{-}19)$$

将式 (3-18) 和式 (3-19) 代入式 (3-10) 可获得各个关键层在侧向方向产生的煤体应力增量函数，分别见式 (3-20)~式 (3-24)。

$$\Delta\sigma_1 = \begin{cases} 0.49x & (0 \leqslant x < 2.3) \\ 2.27 - 0.49x & (2.3 \leqslant x < 4.6) \end{cases} \quad (3\text{-}20)$$

$$\Delta\sigma_2 = \begin{cases} 0.845x & (0 \leqslant x < 5.03) \\ 17.02 - 0.845x & (5.03 \leqslant x < 10.06) \end{cases} \quad (3\text{-}21)$$

$$\Delta\sigma_3 = \begin{cases} 0.507x & (0 \leqslant x < 13.02) \\ 13.2 - 0.507x & (13.02 \leqslant x < 26.03) \end{cases} \quad (3\text{-}22)$$

$$\Delta\sigma_4 = \begin{cases} 0.722x & (0 \leqslant x < 22.17) \\ 32.02 - 0.722x & (22.17 \leqslant x < 44.35) \end{cases} \quad (3\text{-}23)$$

$$\Delta\sigma_5 = \begin{cases} 0.462x & (0 \leqslant x < 58.57) \\ 54.09 - 0.462x & (58.57 \leqslant x < 117) \end{cases} \quad (3\text{-}24)$$

将工作面参数代入式 (3-14) 可求得侧向方向自重应力 σ_{z1} 为：

$$\sigma_{z1} = \begin{cases} 0.2825 & (0 \leqslant x < 1.39) \\ 0.2x & (1.39 \leqslant x < 84.6) \\ 17.23 & (x \geqslant 84.6) \end{cases} \quad (3\text{-}25)$$

在自重应力 σ_{z1}（见式 (3-25)）基础上叠加式 (3-20)~式 (3-24)，可获得工作面侧向支承压力函数，见式 (3-26)。

$$\sigma_{cq} = \begin{cases} 0.28 + 3.03x & (0 \leqslant x < 1.39) \\ 3.23x & (1.39 \leqslant x < 2.3) \\ 2.27 + 2.25x & (2.3 \leqslant x < 4.6) \\ 2.74x & (4.6 \leqslant x < 5.03) \\ 8.5 + 1.05x & (5.03 \leqslant x < 10.07) \\ 1.894x & (10.07 \leqslant x < 13.02) \\ 13.21 + 0.88x & (13.02 \leqslant x < 22.17) \\ 45.23 - 0.823x & (22.17 \leqslant x < 26.43) \\ 32.02 - 0.06x & (26.43 \leqslant x < 44.35) \\ 0.665x & (44.35 \leqslant x < 58.57) \\ 54.09 - 0.26x & (58.57 \leqslant x < 84.6) \\ 71.32 - 0.46x & (84.6 \leqslant x < 117.13) \\ 17.23 & (x \geqslant 117.13) \end{cases} \quad (3\text{-}26)$$

根据式（3-26）作侧向支承压力分布曲线，如图3-7所示。由图可知，工作面侧向支承压力分布呈多峰形态，第一峰值约为32.72MPa，距煤壁22m左右，第二峰值约为38.9MPa，距煤壁58.6m左右，侧向支承压力分布影响范围约为117m。

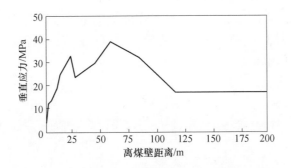

图3-7　2-2_{上}201工作面侧向支承压力分布估算曲线

C　现场监测结果

图3-8所示为2-2_{上}201工作面前期回采期间微震事件"固定"工作面投影，从图中可知，工作面两侧侧向支承压力影响范围分别为128.4m和121m，平均124.7m。表明侧向支承压力计算结果与现场监测结果大致相符。

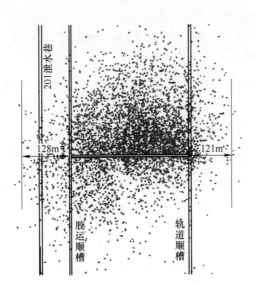

图3-8　2-2_{上}201工作面前期回采期间微震事件"固定"工作面投影

3.1.3.2　2-2$_\text{上}$201 工作面走向支承压力估算

A　主要参数选择

a　岩层走向断裂角确定

根据石拉乌素煤矿 2-2$_\text{上}$201 首采工作面大能量微震事件走向"固定"工作面剖面投影，如图 3-9 所示。从图中可知，石拉乌素煤矿走向岩层断裂角 α_2 和触矸角 β_2 分别为 84° 和 61°。

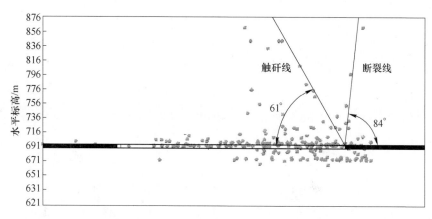

图 3-9　2-2$_\text{上}$201 工作面走向"固定"工作面大能量微震事件剖面投影

b　关键层划分及走向方向悬跨距确定

关键层划分见 3.1.3 节，根据式（3-3）和式（3-9）可求得不同运动状态下各关键层的走向悬跨距，见式（3-27）。

$$\begin{cases} l_1' = 18.8 \times (\cot 61° + \cot 84°) = 12.4 \\ l_2' = 41 \times (\cot 61° + \cot 84°) = 27.03 \\ l_3' = 106 \times (\cot 61° + \cot 84°) = 69.90 \\ l_4' = 830 + 2 \times 180.6 \times \cot 84° = 867.96 \\ l_5' = 830 + 2 \times 477.3 \times \cot 84° = 924.03 \end{cases} \tag{3-27}$$

B　走向支承压力估算结果

根据 2-2$_\text{上}$201 工作面实际情况，取第一个关键层参数 $h_1 = 18.8\text{m}$，$l_1' = 12.4\text{m}$，$M_1 = 15\text{m}$，$m_1 = 0.4\text{m}$；第二个关键层参数 $h_2 = 41\text{m}$，$l_2' = 27.03\text{m}$，$M_2 = 28.6\text{m}$，$m_2 = 29.1\text{m}$；第三个关键层参数 $h_3 = 106\text{m}$，$l_3' = 69.9\text{m}$，$M_3 = 43.3\text{m}$，$m_3 = 46.5\text{m}$；第四个关键层参数 $h_4 = 180.6\text{m}$，$l_4' = 867.96\text{m}$，$M_4 = 12.8\text{m}$，$m_4 = 95.8\text{m}$；第五个

关键层参数 $h_5 = 477.3\text{m}$，$l_5' = 924.03\text{m}$，$M_5 = 414.6\text{m}$，$m_5 = 5\text{m}$。岩层侧向断裂角为 $\alpha_1 = 83°$，岩层走向断裂角为 $\alpha_2 = 84°$，岩层容重 $\gamma = 25\text{kN/m}^3$，工作面斜长 $a = 330\text{m}$，工作面走向长度 $b = 830\text{m}$，直接顶厚度 $M_z = 11.3\text{m}$，综合柱状图采深 $H = 711\text{m}$。

根据式（3-8）和式（3-15）可分别求得第一、二和三关键层在走向方向产生的煤体最大应力增量为：

$$\begin{cases} \Delta\sigma_{\max 1} = q_1\tan\alpha_2/h_1 = \gamma l_1'(M_1 + m_1)\tan\alpha_2/(2h_1) = 1.21 \\ \Delta\sigma_{\max 2} = q_2\tan\alpha_2/h_2 = \gamma l_2'(M_2 + m_2)\tan\alpha_2/(2h_2) = 4.52 \\ \Delta\sigma_{\max 3} = q_3\tan\alpha_3/h_3 = \gamma l_3'(M_3 + m_3)\tan\alpha_2/(2h_3) = 7.04 \end{cases} \quad (3\text{-}28)$$

根据式（3-4）和式（3-15）可分别求得第四和第五关键层在走向方向产生的煤体最大应力增量为

$$\begin{cases} \Delta\sigma_{\max 4} = \gamma l_4(M_4 + m_4)l_4'\tan\alpha_1/[2(l_4 + l_4')/h_4] = 18.7 \\ \Delta\sigma_{\max 5} = \gamma l_5(M_5 + m_5)l_5'\tan\alpha_1/[2(l_5 + l_5')/h_5] = 31.6 \end{cases} \quad (3\text{-}29)$$

将式（3-28）和式（3-29）代入式（3-15）可得各个关键层在走向方向产生的煤体应力增量函数，分别见式（3-30）~式（3-34）。

$$\Delta\sigma_1 = \begin{cases} 0.61x & (0 \leqslant x < 1.98) \\ 2.416 - 0.61x & (1.98 \leqslant x < 3.95) \end{cases} \quad (3\text{-}30)$$

$$\Delta\sigma_2 = \begin{cases} 1.05x & (0 \leqslant x < 4.31) \\ 9.05 - 1.05x & (4.31 \leqslant x < 8.62) \end{cases} \quad (3\text{-}31)$$

$$\Delta\sigma_3 = \begin{cases} 0.63x & (0 \leqslant x < 11.14) \\ 14.08 - 0.63x & (11.14 \leqslant x < 22.28) \end{cases} \quad (3\text{-}32)$$

$$\Delta\sigma_4 = \begin{cases} 0.985x & (0 \leqslant x < 18.98) \\ 37.41 - 0.985x & (18.98 \leqslant x < 37.96) \end{cases} \quad (3\text{-}33)$$

$$\Delta\sigma_5 = \begin{cases} 0.63x & (0 \leqslant x < 50.13) \\ 63.19 - 0.63x & (50.13 \leqslant x < 100.27) \end{cases} \quad (3\text{-}34)$$

将工作面参数代入式（3-16）可求得走向方向自重应力 σ_{z2} 为

$$\sigma_{z2} = \begin{cases} 0.2825 & (0 \leqslant x < 1.19) \\ 0.238x & (1.19 \leqslant x < 72.42) \\ 17.23 & (x \geqslant 72.42) \end{cases} \quad (3\text{-}35)$$

在自重应力 σ_{z2} 基础上叠加式（3-30）~式（3-34），可获得工作面走向支承压力函数，见式（3-36）。

$$\sigma_{zz} = \begin{cases} 0.2825 + 3.9x & (0 \leqslant x < 1.19) \\ 4.147x & (1.19 \leqslant x < 1.98) \\ 2.416 + 2.92x & (1.98 \leqslant x < 3.95) \\ 3.535x & (3.95 \leqslant x < 4.31) \\ 9.05 + 1.43x & (4.31 \leqslant x < 8.62) \\ 2.485x & (8.62 \leqslant x < 11.14) \\ 14.08 + 1.22x & (11.14 \leqslant x < 18.98) \\ 51.49 - 0.75x & (18.98 \leqslant x < 22.28) \\ 37.4 - 0.117x & (22.28 \leqslant x < 37.96) \\ 0.868x & (37.96 \leqslant x < 50.13) \\ 63.19 - 0.392x & (50.13 \leqslant x < 72.42) \\ 80.422 - 0.63x & (72.42 \leqslant x < 100.27) \\ 17.23 & (x \geqslant 100.27) \end{cases} \tag{3-36}$$

根据式（3-36）作走向支承压力分布曲线，如图 3-10 所示。由图可知，工作面走向支承压力分布呈多峰形态，第一峰值约为 37.23MPa，距工作面煤壁 20m 左右，第二峰值约为 43.5MPa，距工作面煤壁 50.1m 左右，走向支承压力分布影响范围约为 100m。

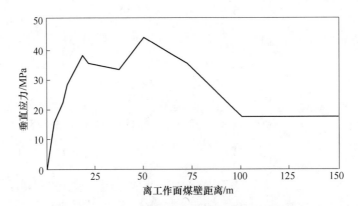

图 3-10　2-2$_{上}$201 工作面走向支承压力分布曲线

C　现场监测结果

图 3-11 所示为 3 月 27 日到 5 月 10 日期间工作面的一组应力监测数据，从图中可知，测点从 4 月 1 日开始缓慢增长，在 4 月 23 日距工作面 93.5m 时，测站应力增长速度开始明显上升，但增长不大。表明走向支承压力计算结果与现场监测结果相符。

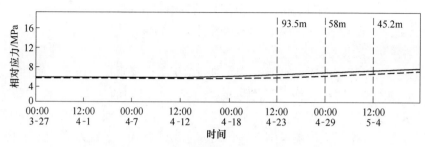

图 3-11 煤体相对垂直应力变化曲线

3.2 顶板疏水对原岩应力分布的影响

对于富水工作面来讲，为避免回采过程中出现突水事故和尽快缩短工作面准备时间，通常在巷道掘进期间对顶板水进行疏放。岩石是由碎屑物颗粒或晶体胶结而成，内部存在微裂隙、节理、晶格缺陷等孔隙结构，疏水过程中，水以岩石孔隙介质为通道向疏水孔中运动，在此过程中，水对岩石物理力学性质存在损伤作用[116]，微观上表现为岩石孔隙结构损伤，宏观上表现为岩石强度降低。在岩石强度局部降低的过程中，岩层由均质向非均质转变，此时，在均质与非均质交界处应力将出现集中[128]。鉴于此，通过理论、实验和数值分析的方法，研究了疏水过程中富水工作面顶板水的运动规律，富水区疏水对富水区岩层物理力学性质损伤的影响，富水区岩层损伤对富水区岩层和煤层应力分布的影响，以及富水区疏水过程中富水区岩层和煤层应力演化规律。

3.2.1 疏水过程中富水工作面顶板水的运动规律

3.2.1.1 疏水过程中疏水量与疏水影响范围的关系

为研究疏水过程中疏水量与疏水影响范围的关系，假设施工疏水孔前，富水区岩层的含水率为 ω_0，施工疏水孔后，影响范围内的富水区岩层含水率 ω_0'，则疏水量 Q 与疏水影响范围内的体积 V 的关系为：

对于无补给源富水区：

$$Q = \Delta\omega V \tag{3-37}$$

对于有补给源富水区：

$$Q = \Delta\omega V + Q' \tag{3-38}$$

$$\Delta\omega = \omega_0 - \omega_0' \tag{3-39}$$

$$Q' = ut \tag{3-40}$$

式中 $\Delta\omega$——疏水前后富水区岩层的含水率差，其值与富水区岩层孔隙度和富水区岩层水头有关；

Q'——疏水过程中疏水影响范围外的补给量，m^3；

u——疏水孔出水稳定时每天的出水量，m^3/d；

t——疏水天数，d。

当人为采掘活动形成导水通道后，四周顶板水向导水通道流动，总体上将形成漏斗状的水位下降线，称为降落漏斗。随着疏水时间的延续，水位不断降低，漏斗状水位线不断向外扩展，当疏水量与补给量相等时，漏斗状水位线将不再向外扩展，存在一个最大影响范围 R_{max}，若富水区无补给源，疏水影响范围将不断向外扩展，最大影响范围 R_{max} 为疏水孔距富水区边界距离 l；若富水区有补给源，当疏水量与补给量相等时，漏斗状水位线将不再向外扩展，存在一个最大影响范围 $R_{max} = r_0 + 10S\sqrt{K}$，其中，$r_0$ 为导水通道半径，S 为疏水孔水位降深，K 为渗透系数，如图 3-12 所示。

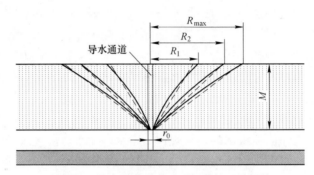

图 3-12　导水通道形成后顶板水的运动规律

为简便计算，假设漏斗状水位线呈现出直线状态，则影响范围内富水区的体积 V 与疏水影响范围 R 的关系为：

$$V = \frac{1}{3}\pi R^2 M \tag{3-41}$$

式中　M——富水区岩层厚度，m。

综合式（3-37）~式（3-41）和地下水运动规律，有无补给源条件下疏水影响范围 R 与疏水量 Q 的关系见式（3-42）和式（3-43）。

对于无补给源富水区：

$$R = \min\left(\sqrt{\frac{3Q}{\pi\Delta\omega M}},\ l\right) \tag{3-42}$$

式中　l——疏水孔与富水区边界距离，m。

对于有补给源富水区：

$$R = \min\left(\sqrt{\frac{3(Q-ut)}{\pi\Delta\omega M}},\ r_0 + 10S\sqrt{K}\right) \tag{3-43}$$

综合地下水运动规律，以及式（3-42）和式（3-43）可知，随着疏水量的增大，疏水影响范围不断增大，当疏水量疏放到一定程度时，疏水影响范围将不再增大，对于无补给源富水区，疏水最大影响范围为 l，对于有补给源富水区，疏水最大影响范围为 $r_0 + 10S\sqrt{K}$。

3.2.1.2　疏水过程水流速度分布

为分析疏水过程中水流分布规律，以疏水孔为例，做以下假设：

（1）富水区岩层中的水各向同性均质，厚度不变，产状水平并无限延伸；

（2）疏水前顶板水水位线水平，稳定；

（3）水的流动服从 Darcy 定律。

则稳定阶段等水头线和疏水影响范围如图 3-13 所示。

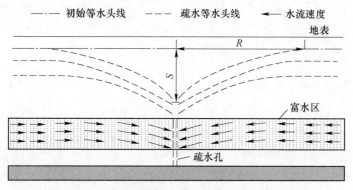

图 3-13　稳定阶段承压水等水头线和疏水影响范围

根据地下水动力学，稳定阶段，富水区中水头线近似为漏斗状，各点流速、水力坡度和影响范围见式（3-44）~式（3-46）。

$$v = KJ \tag{3-44}$$

$$J = \Delta H/\Delta S \tag{3-45}$$

$$R = r_0 + 10S\sqrt{K} \tag{3-46}$$

式中　v——水流速度，m/s；

K——渗透系数 m/d；

J——水头梯度；

ΔH——两条等水头线间的水头差，m；

ΔS——两等水头线间的间距，m。

由式（3-44）和式（3-45）可知，水流速度与渗透系数和水力梯度呈线性正相关；水力梯度与水头差成正比，与水头线间间距成反比。由图 3-13 中可知，整个疏水过程中，水在富水区岩层的孔隙介质中流速呈现出不均匀分布状态，疏

水孔影响半径范围 R 内，离疏水孔越近水流速度越大，影响半径范围 R 外，水流速度均匀分布。

3.2.2　富水区疏水对富水区岩层物理力学性质损伤的影响

水物理化学损伤作用是一种从微观结构的变化导致其宏观力学性质改变的过程[112~115]。目前，水对岩石物理化学作用，已经被大多数学者认可，并做了大量的理论和实践工作面，水向导水通道（疏水孔、采空区）流动过程中，一方面水的流动是胶结物和碎屑物发生润滑、软化、冲刷、运移和扩散等物理损伤作用；另一方面，碎屑物和胶结物与水不断地发生离子交换、水化、溶解、水解、溶蚀、氧化还原等化学损伤作用。其中，水在岩石孔隙介质中的流动速度是水岩物理化学损伤程度的重要因素，疏水过程中水在富水区岩层的孔隙中不均匀水流速度将导致富水区岩层损伤程度不同。

3.2.2.1　试验设计

A　岩石试件制备

试验所用试件取自呼尔吉特矿区石拉乌素煤矿直罗组富水区砂岩。按照《工程岩体试验方法标准》和国际岩石力学学会推荐的试验方法，将岩石试样加工成直径为 50mm×100mm 的圆柱体，试样两端面的不平行度小于 0.005mm，端面磨平度小于 0.02mm，轴线垂度不超过 0.001rad，同时保证试样侧面光滑垂直，不平度小于 0.3mm。通过肉眼去除具有明显缺陷的试件，并对试样进行声波波速测试，对离散性比较大的试样剔除，从而选择均一性良好的试样进行试验。图 3-14 所示为圆柱形砂岩标准试件。

图 3-14　圆柱形砂岩标准试件

B 水溶液环境制备

地下水是一种极其复杂的化学溶液,其溶解物和周边岩层组成成分密切相关,并以各种形式存在,且具有不同的离子溶度及 pH 值。根据石拉乌素煤矿水质分析报告,地下水的主要阳离子为 K^+、Na^+、Ca^{2+}、Mg^{2+};阴离子主要为 SO_4^{2-}、Cl^-、HCO_3^-等。综合考虑上述因素后,以 NaCl、$CaCl_2$、Na_2SO_4 和 $MgCl_2$ 四种化学物质为主要成分,配置离子溶度为 0.01mol/L,pH = 8 的水化学溶液。

C 浸泡试验装置

水对富水区岩层的物理力学性质的影响主要为水岩物理化学作用。为了研究富水区疏水对富水区岩层物理力学性质的影响,需要构建一个水岩环境试验装置,如图 3-15 所示。

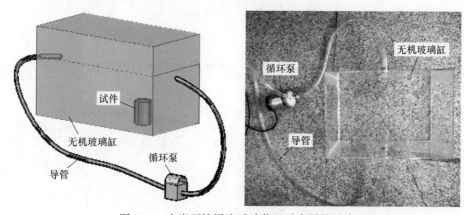

图 3-15 水岩环境浸泡试验装置示意图及照片

根据试验需要,研制了两套动态水岩环境浸泡试验装置和 1 套静态水岩环境浸泡试验装置。动态水岩环境浸泡试验装置由导管、循环泵和无机玻璃缸容器组成见(图 3-15);静态试验装置为无机玻璃缸容器。无机玻璃缸容器近似模拟富水区中水和砂岩的水岩环境;通过连接不同功率的循环泵模拟不同的溶液流速,从而模拟不同水流速度下水对砂岩力学性质的影响。

D 试验过程及方法

将配置好的水溶液倒入无机玻璃缸内,然后将若干试件放入水溶液中,为分析不同流速的水溶液对试件物理力学性质影响,静态试验装置相当于水流速度 $v=0L/min$,动态试验装置分别设置 $v=8L/min$ 和 $v=15L/min$。浸泡 120 天后,取出试件,使用 RMT-150C 岩石力学试验系统开展单轴、抗拉等相关物理力学实验,如图 3-16 所示。

图 3-16   RMT-150C 岩石力学试验系统

3.2.2.2   不同流速水对试件物理力学性质的影响结果分析

A   试件单轴压缩变形特征分析

水岩作用后试件单轴压缩应力-应变曲线和岩石单轴压缩试验典型应力-应变曲线如图 3-17 和图 3-18 所示。

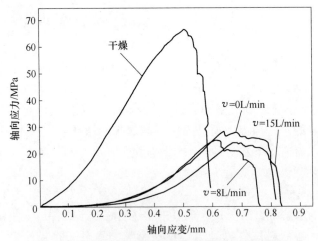

图 3-17   水岩作用后试件单轴压缩应力-应变曲线

（1） oa 段——试件裂隙压密阶段。水岩作用后的试件在此阶段出现明显的下凹形状，与干燥试件相比，此阶段应变占总应力比例较大，说明水溶液对砂岩

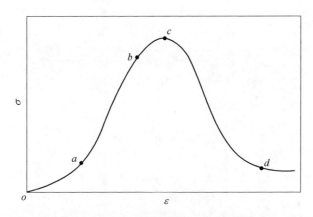

图 3-18　岩石单轴压缩试验典型应力-应变曲线

发生溶蚀、水解、水化和溶解等作用，使孔隙增多或变长，初始裂隙压密阶段变长。

（2）ab 段——弹性变形至微弹性裂隙稳定发展阶段。与干燥试件相比，水岩作用后的试件在此阶段斜率出现明显的降低，表明试件受水溶液作用发生软化，弹性模量变小。

（3）bc 段——非稳定破裂阶段。当应力达到一定值后，岩石出现不同的屈服。不同水岩作用下（$v = 0L/min$、$v = 8L/min$ 和 $v = 15L/min$）下的试件峰值强度分别为 28.08MPa、24.76MPa 和 23.89MPa，如图 3-17 所示，表明单轴抗压强度随着循环水流速度增大而减小。

（4）cd 段——破裂后阶段。水岩作用后的试件在峰值后仍有较大变形，说明水岩作用下试件由脆性向塑性转变的趋势。

B　不同流速的水溶液对试件 E、μ 的影响

弹性模量 E 和泊松比 μ 是岩石力学性质的重要表征参数，图 3-19 所示为不同流速的水溶液对试件弹性模量和泊松比的影响。

由图 3-19 可知，不同水岩作用下，试件弹性模量 E 从大到小的水岩环境依次为 $v = 0L/min$，$v = 8L/min$，$v = 15L/min$，其 E 值分别为 8.37GPa、8.25GPa 和 7.38GPa，试件弹性模量随着循环水流速度增大而减小；试件泊松比从大到小的水岩环境依次为 $v = 15L/min$，$v = 8L/min$，$v = 0L/min$，其 μ 值分别为 0.302、0.293 和 0.282，表明泊松比随着循环水流速度增大而增大。

C　抗拉强度变化规律

图 3-20 所示为不同水岩作用对试件抗拉强度影响，从图中可知，循环水流速度为 0L/min、8L/min 和 15L/min 时，试件抗拉强度分别为 1.94MPa、

1.66MPa 和 1.51MPa。说明随着循环水流速度增大，试件抗拉强度逐渐减小。

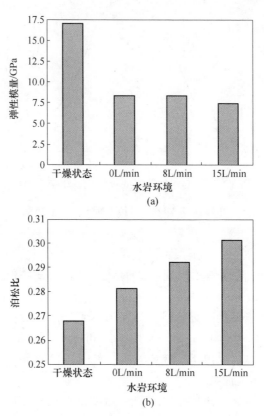

图 3-19　不同水岩作用对试件弹性模量（a）和泊松比（b）的影响

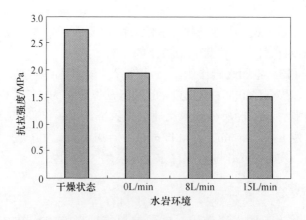

图 3-20　不同水岩作用对试件抗拉强度的影响

D 不同流速的水溶液对试件 c、φ 的影响

已知试件单轴抗压强度 σ_D 和抗拉强度 σ_t，根据摩尔-库伦强度准则关系式（3-47）和式（3-48），得出内摩擦角 φ 和黏聚力 c：

$$\varphi = \arctan\left[\left(\sigma_D - \sigma_t\right) / \left(2\sqrt{\sigma_D\sigma_t}\right)\right] \tag{3-47}$$

$$c = \sqrt{\sigma_D\sigma_t}/2 \tag{3-48}$$

式中 σ_D——试件单轴抗压强度，MPa；

  σ_t——抗拉强度，MPa；

  φ——内摩擦角，(°)；

  c——黏聚力，MPa。

由图 3-21 可知，循环水流速度为 0L/min、8L/min 和 15L/min 时，试件摩擦角分别为 60.5°、60.9°和 61.7°，说明随着循环水流速度增大，试件摩擦角逐渐增大，但变化较小。当循环水流速度为 0L/min、8L/min 和 15L/min 时，试件黏聚力分别为 3.69MPa、3.21MPa 和 3.01MPa。说明随着循环水流速度增大，试件黏聚力逐渐减小。

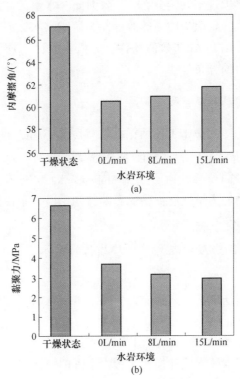

图 3-21 不同水岩作用对试件内摩擦角和黏聚力的影响

(a) 内摩擦角；(b) 黏聚力

通过水岩实验表明，试件的抗压强度、抗拉强度、弹性模量、黏聚力随着循环水流速度的增大而减小，与此相反，泊松比和内摩擦角随着循环水流速度的增大而增大。水岩作用后砂岩物理力学参数见表3-2。

表3-2　水岩作用后试件物理力学参数

水岩环境	干燥	0L/min	8L/min	15L/min
抗压强度/MPa	65	28.08	24.76	23.89
抗拉强度/MPa	2.72	1.94	1.66	1.51
弹性模量/GPa	17	8.37	8.25	7.38
泊松比	0.269	0.282	0.293	0.302
内摩擦角/(°)	66.8	60.5	60.9	61.7
黏聚力/MPa	6.65	3.69	3.21	3.01

3.2.3　富水区岩层损伤对富水区岩层和煤层应力分布的影响

大量的现场观测和应力监测结果表明，在岩体强度（刚度）差异区域，交界面附近原始应力将出现不均匀分布[131]，因此，富水区疏水引起富水区岩层物理力学性质的损伤将导致原岩应力的改变。为研究富水区岩层物理力学性质损伤对原岩应力影响，采用 FLAC^{2D} 数值软件，分析富水区岩层损伤后，富水区岩层顶板和煤层顶板应力的分布规律。

3.2.3.1　数值计算模型及模拟方案

以石拉乌素煤矿 2-2$_上$201 工作面钻孔柱状图为参考，建立尺寸为 100m×60m（长×高）的数值分析模型，上方施加 15MPa 均布载荷，左右边界为水平约束条件，底部边界采用双向位移约束，采用 Mohr-Coulomb 破坏准则。为模拟富水区疏水对富水区岩层物理力学性质损伤的影响，初始应力平衡后对疏水影响范围内的富水区岩层物理力学参数进行弱化。

3.2.3.2　富水区岩层物理力学性质损伤对富水区岩层和煤层应力分布的影响

富水区岩层未损伤前，在自重应力作用下富水区岩层和煤层处于均布应力分布状态，如图3-22（a）所示；富水区岩层损伤后，应力向强度相对较高的未损伤区转移，并形成应力集中区，如图3-22（b）所示。受富水区岩层损伤的影响，损伤区边缘的富水区岩层和损伤区边缘下方的煤体出现应力集中，损伤区内的富水区岩层和损伤区下方的煤体出现应力下降。

图3-23所示为富水区岩层损伤前后富水区岩层顶板和煤层顶板垂直应力分

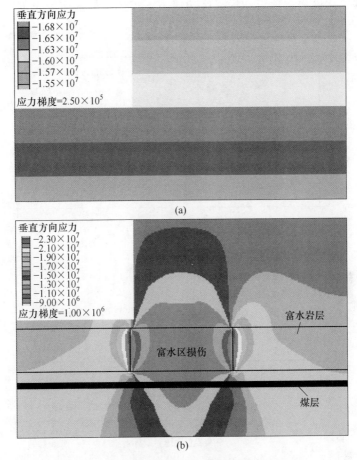

图 3-22　富水区岩层损伤前后垂直应力分布云图
(a) 损伤前；(b) 损伤后

布曲线。由图 3-23 (a) 中可知，富水区岩层顶板初始原岩应力为 15.75MPa，随着疏水引起富水区岩层物理力学性质损伤，在富水区岩层物理力学性质损伤强弱交界面处出现应力集中，值为 23.37MPa，应力集中系数为 1.48，富水区岩层物理力学性质损伤范围内出现应力降低区，最小值为 10.23MPa；图 3-23 (b) 所示为损伤前后煤层顶板垂直应力分布曲线，煤体初始原岩应力为 16.09MPa，受承压富水区岩层不均匀损伤的影响，在富水区岩层损伤强弱交界面正下方煤体顶板应力出现应力峰值，大小为 17.73MPa，应力集中系数为 1.10，富水区岩层物理力学性质损伤区下方煤体顶板为低应力区，最小值为 12.68MPa。

综合上述可知，水向导水通道运动引起富水区岩层物理力学性质不均匀损伤，导致富水区岩层顶板和煤层顶板应力出现不均匀分布，富水区岩层物理力学性质损伤后，损伤区内富水区岩层顶板和损伤区下方煤体顶板的应力出现降低，损伤区边缘富水区岩层顶板和损伤区边缘下方煤体顶板的应力出现升高。因此，工作面采掘至损伤区边缘时易诱发冲击，损伤区下方发生冲击地压危险性减小。

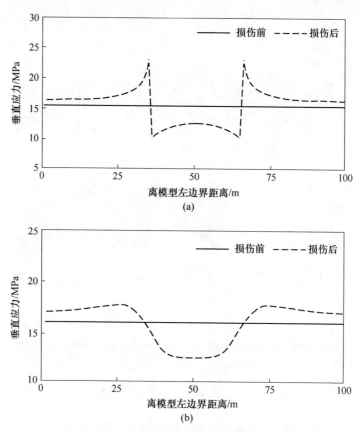

图 3-23 富水区岩层损伤前后富水区岩层顶板和煤层顶板垂直应力分布曲线
（a）富水区岩层顶板垂直应力分布；（b）煤层顶板垂直应力分布

3.2.4 富水区疏水过程中富水区岩层和煤层应力演化规律

为研究富水区疏水过程中富水区岩层和煤层应力的演化规律，模拟疏水影响范围分别为15m、25m和35m时，富水区岩层顶板和煤层顶板垂直应力分布规律。为简便，对疏水影响范围内（降落漏斗水位线内）的富水区岩层物理力学性质进行弱化，分析疏水过程中不同损伤范围下富水区岩层顶板和煤层顶板应力演化规律。

3.2.4.1 疏水过程中富水区岩层和煤层应力演化特征

图 3-24 所示为疏水过程中不同疏水影响范围的垂直应力分布，从图 3-24 可

知，疏水影响范围内富水区岩层顶板及煤层顶板的垂直应力出现降低，疏水影响范围边缘应力出现集中。当疏水影响范围分别为 15m、25m 和 35m 时，疏水影响范围边缘处的最大集中应力为 30MPa，与此同时，随着疏水影响范围的不断扩大，疏水影响边缘处垂直集中应力位置也不断地向外扩展。

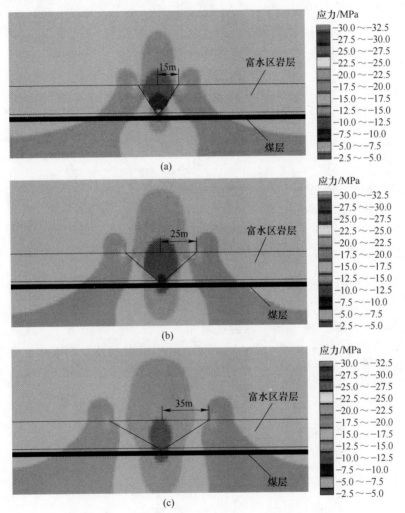

图 3-24　疏水过程中不同疏水影响范围垂直应力分布

（a）疏水影响范围 15m；（b）疏水影响范围 25m；（c）疏水影响范围 35m

3.2.4.2　疏水过程中富水区岩层顶板垂直应力演化规律

图 3-25 所示为疏水过程中不同疏水影响范围富水区岩层顶板垂直应力曲线，从图 3-25 可知，富水区岩层损伤前，富水区岩层顶板原岩应力为 16.24MPa，当

疏水影响范围分别为 15m、25m 和 35m 时，富水区岩层顶板垂直应力峰值位于疏水影响范围边缘，其值分别为 27.74MPa、28.51MPa 和 29.01MPa。因此，疏水后，疏水影响边缘富水区岩层顶板垂直应力出现集中，且随着疏水范围的扩大，应力峰值位置向外移动，与此相反，疏水影响范围内富水区岩层顶板垂直应力降低。

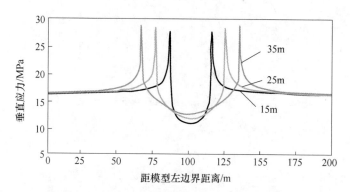

图 3-25　疏水过程中不同疏水影响范围富水区岩层顶板垂直应力分布曲线

3.2.4.3　疏水过程中煤层顶板垂直应力演化规律

受富水区岩层顶板垂直应力变化的影响，煤层垂直应力也随之发生变化，如图 3-26 所示。从图 3-26 可知，当疏水影响范围分别为 15m、25m 和 35m 时，煤层顶板垂直应力峰值位于富水区岩层疏水影响范围边缘正下方，其值分别为 18.98MPa、19.05MPa 和 19.16MPa。因此，疏水将引起煤层顶板垂直应力出现集中，随着疏水影响范围扩大，煤层顶板应力峰值位置向外移动。

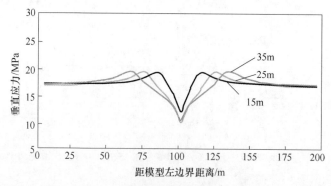

图 3-26　疏水过程中不同疏水影响范围煤体顶板垂直应力分布曲线

综合上述可知，疏水过程中，随着疏水影响范围边界不断向外扩展，富水区岩层顶板和煤层顶板的垂直应力影响范围和应力峰值位置不断向外扩展，且最终应力峰值位置位于疏水影响范围边缘，与此同时，随着疏水影响范围不断增大，富水区岩层顶板和煤层顶板低应力区范围也在不断向外扩展。

3.3 深部富水掘进工作面顶板疏水诱发冲击地压机理

对于富水工作面，为避免回采过程中出现突水危险和尽快缩短工作面准备时间，通常在巷道掘进期间需施工疏水孔，提前进行疏放水工作，如图3-27所示。为避免工艺相互影响，工作面掘进一定距离后，在距迎头后方 L 位置施工疏水孔进行疏水。

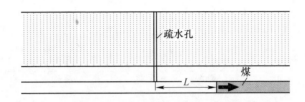

图 3-27　掘进工作面疏水示意图

3.3.1 顶板疏水过程中掘进工作面的应力演化规律

对于富水工作面来讲，不考虑其他构造应力影响下，深部富水掘进工作面主要受自重应力、超前支承压力和疏水引起的集中应力共同影响。根据掘进施工工艺，掘进期间，巷道围岩受力的先后顺序依次为自重应力→超前支承压力→疏水引起的集中应力，其受力演化过程如图3-28所示。

在上覆岩层自重应力的作用下，煤层初始垂直应力为均匀分布，如图3-28（a）所示；受巷道掘进影响，掘进迎头将存在一个超前支承压力，如图3-28（b）所示；为实现工作面的安全回采，降低发生突水事故风险，需在掘进工作面后方 L 位置施工疏水孔，根据3.2.4节可知，随着疏水的进行，煤层垂直应力出现不均匀的分布，在疏水影响范围内出现应力降低，在疏水影响范围边缘出现应力升高，且应力峰值位于疏水影响范围边缘附近。当疏水影响范围为 R_1 时，距疏水孔 R_1 位置出现应力升高，如图3-28（c）所示；随着疏水影响范围的不断扩展，煤层顶板垂直应力影响范围不断扩大，且应力峰值位置向外移动，如图3-28（d）所示，当疏水引起的集中应力和掘进过程中的超前支承压力叠加超过煤层发生冲击的临界应力时，掘进工作面易发生冲击。

3.3.2 顶板疏水诱发掘进工作面冲击地压机理

根据3.3.1节可知，不考虑构造应力影响，深部富水掘进工作面的力源主要包括自重应力、超前支承压力和疏水引起的集中应力。

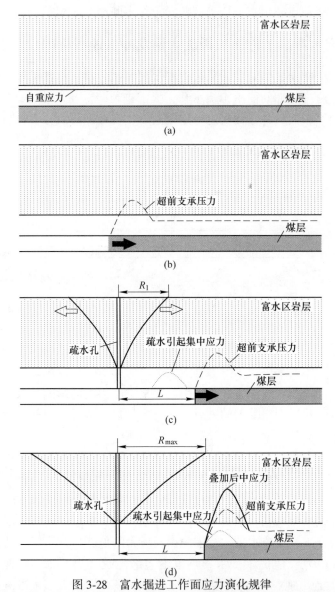

图 3-28　富水掘进工作面应力演化规律

（a）初始状态；（b）巷道开始掘进；（c）疏水影响范围 R_1 状态；（d）稳定状态

3.3.2.1　初始状态

不考虑其他构造等应力影响，在上覆岩层自重应力的作用下，煤体受力处于均匀分布状态，如图 3-28（a）所示。

$$\sigma_1 = \gamma h \qquad\qquad (3\text{-}49)$$

式中　σ_1——原岩应力；

γ——岩层容重；

h——工作面埋深。

3.3.2.2　巷道掘进

受巷道开挖的影响，掘进工作面迎头将产生应力集中，应力增量集中系数为 χ ，如图3-28（b）所示，此时巷道围岩应力为：

$$\sigma_2 = (1 + \chi)\gamma h \tag{3-50}$$

式中　σ_2——巷道开挖后围岩应力；

χ——受巷道掘进影响超前支承压力应力增量集中系数。

3.3.2.3　疏水影响范围 R_1 状态

当疏水影响范围为 R_1 时，巷道围岩出现应力重新分布，疏水影响范围内垂直应力出现降低，疏水影响范围边缘出现应力集中，如图3-28（c）所示。

3.3.2.4　稳定状态下

当疏水影响范围扩展到一定程度时，疏水影响范围为 R_{max} ，将不再向外扩展，如图3-28（d）所示。此时，富水区岩层和煤层顶板应力集中位置不再随着疏水的进行向外扩展。此时巷道迎头围岩应力为：

$$\sigma_3 = (1 + \chi + \zeta)\gamma h \tag{3-51}$$

式中　σ_3——疏水影响范围 R_{max} 状态下巷道围岩总应力；

ζ——受疏水影响巷道围岩应力增量集中系数。

在岩爆动力灾害研究领域[132]，多以围岩所受应力与围岩强度比值作为发生动力灾害的判断依据，当巷道围岩所受应力 σ 与巷道围岩强度 σ_w 比值超过一定值 I_w 时，则巷道处于冲击危险临界状态。

$$\frac{\sigma}{\sigma_w} \geq I_w \tag{3-52}$$

对于掘进工作面来讲，巷道围岩所受应力 σ 主要包括自重应力 γh 、掘进工作面超前支承产生的集中应力 $\chi\gamma h$ 、疏水产生的集中应力 $\zeta\gamma h$ ，且不同阶段巷道所受围岩应力大小见式（3-49）~式（3-51）。

综合上述可知，深部富水掘进工作面顶板疏水诱发冲击地压机理为：顶板疏水引起富水区岩层物理力学性质损伤导致煤体局部应力集中，该集中应力随着疏水影响范围扩展向外移动，当其与自重应力、掘进工作面超前支承压力等集中应力叠加总和超过冲击地压的临界应力时，掘进工作面易发生冲击。

3.4　深部富水回采工作面顶板疏水诱发冲击地压机理

对于深部富水回采工作面来讲，掘进期间通过施工钻孔进行疏水，降低富水区岩层中的水头压力，以避免回采期间出现突水事故。相比普通工作面（无顶板水工作面），疏水后，富水区岩层物理力学性质出现不均匀损伤导致煤体应力不均匀分布，在富水区岩层物理力学性质损伤区下方将出现应力降低，在富水区岩层物理力学性质损伤区边缘出现应力集中，因此，富水工作面回采前，在富水区边缘将产生应力集中。

3.4.1　过富水区时回采工作面应力演化规律数值分析

为研究富水区疏水后工作面回采期间超前支承压力演化规律，采用 FLAC^{2D} 数值分析软件，分析不同阶段工作面超前支承压力的分布特征，模型边界条件、尺寸大小见 3.2.3 节。

数值分析方法为：模型初始应力计算平衡后，首先对疏水影响范围内岩层的物理力学参数降低，模拟掘进期间疏水导致富水区岩层物理力学性质损伤，然后，工作面从右边界向左开始回采，工作面位置分别距富水区疏水损伤区右边界 25m、15m、−15m 和−35m，如图 3-29 所示。由图可知，25m 位置距富水区区外，15m 和-35m 位置为富水区边缘（工作面过富水区时需经历两次富水区边缘），−15m 位置为富水区下方。

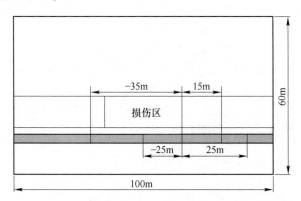

图 3-29　开采方案示意图

图 3-30 所示为不同阶段工作面煤体垂直应力分布云图，从图中可知，回采过程中，工作面前方始终存在一个应力集中，当回采至富水区下方时，应力集中最小，如图 3-30（c）所示，回采至富水区边缘时，应力集中最大，如图 3-30（b）和图 3-30（d）所示。

图 3-31 所示为煤体垂直应力变化曲线，从图中可知，当工作面分别位于富水区外、富水区边缘、富水区下方、另一侧富水区边缘时，对应的煤体支承应力峰值分别为 35.1MPa、41.45MPa、29.3MPa 和 38.3MPa。可见，煤体垂直应力峰值在富水区边缘最大，富水区下方应力最小。

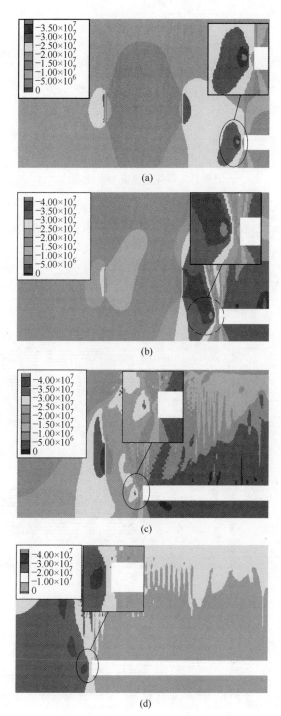

图 3-30　疏水后不同阶段工作面垂直应力分布云图

（a）富水区外；（b）富水区边缘；（c）富水区下方；（d）另一侧富水区边缘

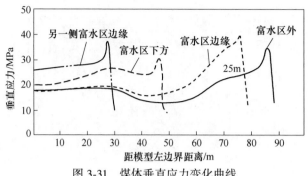

图 3-31　煤体垂直应力变化曲线

　　根据数值分析结果可知，过富水区时，工作面煤体应力从大到小的顺序为：富水区边缘>富水区外>富水区下方，富水区边缘最大，富水区下方应力最小。

3.4.2　顶板疏水诱发回采工作面冲击地压机理

　　按照回采顺序，顶板水下回采工作面应力演化可分为五个阶段：回采前→富水区外→富水区边缘→富水区下方→另一侧富水区边缘，如图 3-32 所示。

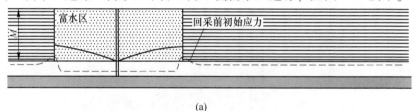

(a)

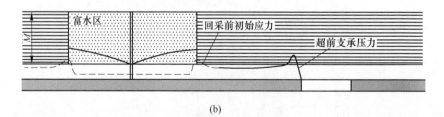

(b)

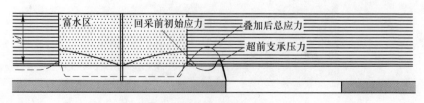

(c)

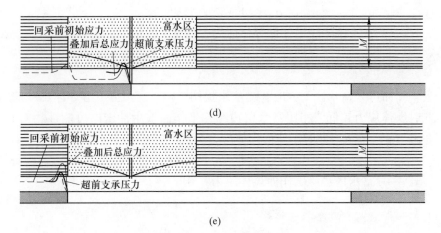

图 3-32 过富水区时回采工作面应力演化规律示意图

（a）回采前；（b）开始回采；（c）富水区边缘；（d）富水区下方；（e）另一侧富水区边缘

3.4.2.1 回采前

受掘进期间疏水影响，工作面煤层应力将出现不均匀分布，富水区边缘出现应力升高，富水区下方出现应力降低，在未受疏水影响区域，工作面煤体处于自重应力状态，如图 3-32（a）所示，此时，回采前工作面煤体应力为：

$$\sigma'_1 = \begin{cases} \gamma h & （距富水区边缘较远位置） \\ (1 + \zeta)\gamma h & （富水区边缘） \\ (1 - \delta)\gamma h & （富水区下方） \end{cases} \tag{3-53}$$

式中 σ'_1——疏水后回采前工作面煤体应力，MPa；

δ——受疏水影响工作面煤体减量集中系数。

3.4.2.2 富水区外

由于距富水区边缘较远，工作面前方煤体应力未受疏水影响，此时，工作面煤层前方仅受超前支承压力影响，如图 3-32（b）所示，工作面煤体应力为：

$$\sigma'_2 = (1 + \vartheta)\gamma h \tag{3-54}$$

式中 σ'_2——回采前工作面煤体应力，MPa；

ϑ——工作面超前支承压力应力增量集中系数。

3.4.2.3 富水区边缘

随着工作面推进，支承压力也不断向前移动，当工作面推进至富水区边缘时，此时，超前支承压力和疏水引起的集中应力产生叠加，工作面煤体产生应力集中，易诱发冲击，如图 3-32（c）所示，此时工作面煤体应力为：

$$\sigma'_3 = (1 + \zeta + \vartheta)\gamma h \tag{3-55}$$

式中　　σ'_3——富水区边缘工作面煤体应力，MPa。

3.4.2.4　富水区下方

当工作面进入富水区下方时，受疏水损伤影响，富水区下方煤体出现应力降低，此时煤体应力较低，相比富水层边缘，工作面发生冲击的可能性相对较小，如图 3-32（d）所示，此时工作面煤体应力为：

$$\sigma'_4 = (1 - \delta + \vartheta)\gamma h \tag{3-56}$$

式中　　σ'_4——富水区边缘工作面煤体应力，MPa。

3.4.2.5　另一侧富水区边缘

随着工作面推采至富水区另一侧时，受疏水损伤影响，富水区边缘出现应力集中，该应力与超前支承压力叠加将产生更大的应力集中，此时易发生冲击，如图 3-32（e）所示，此时工作面煤体应力见式（3-55）。

根据式（3-52）可知，工作面回采过程中，当工作面煤体所受应力 σ 与巷道围岩强度 σ_c（因为巷道两帮围岩为煤体，因此 $\sigma_w = \sigma_c$）比值超过一定值 I_w 时，工作面易发生冲击。

综合上述可知，不考虑其他构造应力影响下，深部富水回采工作面顶板疏水诱发冲击地压机理为：当富水区疏水诱发的集中应力与自重应力、回采工作面超前支承压力等集中应力叠加总和超过冲击地压的临界应力时，回采工作面易发生冲击。工作面过富水区时，将经历五个阶段，其中工作面回采至富水区两侧边缘时发生冲击危险较大，其次为距富水区外，最后为富水区下方，易发生冲击位置从大到小依次为：富水区边缘＞富水区外＞富水区下方。

3.4.3　工程案例

石拉乌素煤矿 $2\text{-}2_{\text{上}}201$ 工作面在接近 3 号富水区前，提前在 3 号富水区附近总共布置了 10 组应力计，组间距为 25m，每组包含两个孔深分别为 9m 和 15m 应力计，如图 3-33 所示。当 $2\text{-}2_{\text{上}}201\text{A}$ 工作面回采至富水区边缘时，5 个应力计出现红色预警，工作面和煤壁出现片帮，现场钻屑监测表明，出现煤粉量超标和卡钻现象，当工作面进入富水区下方后，未出现预警。

根据现场应力实测，过富水区时 3 号富水区附近应力测点增量见表 3-3，从表中可知，工作面回采至富水区边缘、富水区外和富水区内测点的平均应力增量分别为 9.91MPa、8.33MPa 和 2.12MPa，应力增幅从大到小依次为：富水区边缘＞富水区外＞富水区下方。

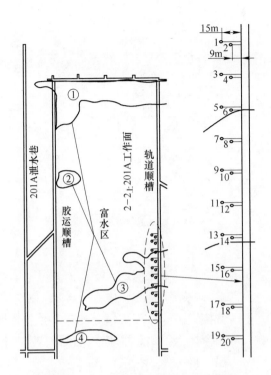

图 3-33　2-2上201A 工作面应力计位置

表 3-3　3 号富水区附近应力测点增量

测组	编号	孔深/m	初始应力	应力峰值	应力增量	备　注	预警情况
1	1	15	5	12.1	7.1	富水区外	红色预警
	2	9	4.6	10.6	6	富水区外	红色预警
2	3	15	5.6	15.4	9.8	富水区边缘	红色预警
	4	9	5.2	5.9	0.7	富水区边缘	
3	5	15	5.2	12.9	7.7	富水区边缘	红色预警
	6	9	5.4	11.2	5.8	富水区边缘	红色预警
4	7	15	5.2	8.9	3.7	富水区内	
	8	9	5.4	7.9	2.5	富水区内	
5	9	15	4.9	7.3	2.4	富水区内	
	10	9	4.8	5	0.2	富水区内	
6	11	15	5.5	7.4	1.9	富水区内	
	12	9	5.5	7.5	2	富水区内	
7	13	15	6.3	11.7	5.4	富水区边缘	黄色预警
	14	9	5.4	10.6	5.2	富水区边缘	红色预警

续表 3-3

测组	编号	孔深/m	初始应力	应力峰值	应力增量	备　注	预警情况
8	15	15	6.4	38	31.6	富水区边缘	红色预警
	16	9	4.1	17.1	13	富水区边缘	红色预警
9	17	15	5.4	8.2	2.8	富水区外	
	18	9	5.3	14.7	9.4	富水区外	红色预警
10	19	15	4.7	24.6	19.9	富水区外	红色预警
	20	9	5.4	10.2	4.8	富水区外	红色预警

注：9m 浅孔，大于 8MPa，小于 10MPa 的为黄色预警，大于 10MPa 的为红色预警；15m 深孔，大于 10MPa，小于 12MPa 的为黄色预警，大于 12MPa 的为红色预警。

3.5　本章小结

不考虑其他构造应力影响，对于深部富水工作面来讲，影响煤体应力分布的主要因素为支承压力和富水区疏水诱发集中应力。本章采用理论分析、实验、数值分析等方法，研究了陕蒙接壤矿区深部工作面支承压力分布规律和顶板疏水对原岩应力分布的影响，从而为揭示了陕蒙接壤矿区深部富水工作面顶板疏水诱发冲击地压机理提供理论依据，得出如下结论：

（1）根据陕蒙接壤深部矿井地层特征和开采条件，建立了非充分采动条件下工作面侧向支承压力和走向支承压力估算模型，研究了不同运动状态岩层组的载荷传递机制，基于微震实测数据确定岩层断裂角、触矸角和破裂范围相关参数，揭示了非充分采动下陕蒙接壤矿区深部工作面支承压力分布规律。为研究工作面冲击地压发生机理、确定超前支护范围和主回撤通道的位置提供理论依据。

1）根据侧向支承压力估算模型，估算了非充分采动条件下 2-2$_{上}$201 工作面侧向支承压力，第一峰值约为 32.72MPa，距工作面煤壁 22m 左右，第二峰值约为 38.9MPa，距工作面煤壁 58.6m 左右，侧向支承压力影响范围约为 117m。微震监测结果表明，侧向支承压力平均影响范围为 124.7m，与估算结果大致相符。

2）根据走向支承压力估算模型，估算了非充分采动条件下 2-2$_{上}$201 工作面走向支承压力，第一峰值约为 37.2MPa，距工作面煤壁 20m 左右，第二峰值约为 43.5MPa，距工作面煤壁 50.1m 左右，走向支承压力影响范围约为 100m。现场应力监测结果表明，走向支承压力影响范围为 93.5m，与估算结果大致相符。

（2）随着疏水量的增大，疏水影响范围不断增大，当疏水量疏放到一定程度时，疏水影响范围将不再增大。对于无补给源富水区，疏水影响范围与疏水量之间的关系为 $R = \min(\sqrt{3Q/(\pi\Delta\omega M)}, l)$，最大影响范围为疏水孔与富水边缘距离为 l，对于有补给源富水区，最大影响范围为 $r_0 + 10S\sqrt{K}$，疏水影响范围与疏水量之间的关系为 $R = \min(\sqrt{3(Q - ut)/(\pi\Delta\omega M)}$ 。

（3）水岩实验表明，砂岩的抗压强度、抗拉强度、弹性模量、黏聚力随着循环水流速度的增大而减小，与此相反，泊松比和内摩擦角随着循环水流速度的增大而增大。

（4）研究了富水区岩层损伤对富水区岩层和煤层应力分布的影响。疏水引起富水区岩层物理力学性质不均匀损伤，导致富水区岩层顶板和煤层顶板应力出现不均匀分布，富水区岩层物理力学性质损伤后，损伤区内富水区岩层顶板和损伤区下方煤体顶板的应力出现降低，损伤区边缘富水区岩层顶板和损伤区边缘下方煤体顶板的应力出现升高。

（5）研究了富水区疏水过程中富水区岩层和煤层应力演化规律。随着疏水影响范围边界不断向外扩展，富水区岩层顶板和煤层顶板的垂直应力影响范围和应力峰值位置不断向外扩展，且最终应力峰值位置位于疏水影响范围边缘，与此同时，随着疏水影响范围不断增大，富水区岩层顶板和煤层顶板低应力区范围也在不断向外扩展。

（6）揭示了陕蒙接壤矿区深部富水工作面顶板疏水诱发冲击地压机理。疏水引起富水区岩层物理力学性质不均质损伤导致煤层局部应力集中，当该集中应力与其他应力（自重应力、支承压力等）叠加总和超过发生冲击临界值时，易诱发冲击。

1）深部富水掘进工作面顶板疏水诱发冲击地压机理为：顶板疏水引起富水区岩层物理力学性质损伤导致煤体局部应力集中，该集中应力随着疏水影响范围扩展向外移动，当其与自重应力、掘进工作面超前支承压力等集中应力叠加总和超过冲击地压的临界应力时，掘进工作面易发生冲击。

2）深部富水回采工作面顶板疏水诱发冲击地压机理为：当富水区疏水诱发的集中应力与自重应力、回采工作面超前支承压力等集中应力叠加总和超过冲击地压的临界应力时，回采工作面易发生冲击。工作面回采过程中，易发生冲击位置从大到小依次为：富水区边缘 > 富水区外 > 富水区下方。

4 基于应力叠加深部富水工作面冲击地压危险性预测方法

随着陕蒙接壤矿区深部矿井的建设，深部富水工作面冲击地压如何防治是该矿区即将面临的主要问题之一。根据我国成熟矿井冲击地压防治经验，冲击地压防治技术体系：冲击倾向鉴定→回采前工作面冲击危险性预测→预卸压→监测预警→检验→解危→检验。可见，回采前工作面冲击危险性预测是冲击地压防治技术体系的重要一环，是正确指导实施预卸压的前提。因此，陕蒙接壤矿区深部富水工作面冲击地压危险性预测的准确性对工作面冲击地压防治具有重要意义。

我国学者在冲击地压危险性预测方法方面做了大量的相关研究工作，取得大量的研究成果。目前，回采前工作面冲击地压危险性预测方法主要包括综合指数法和可能性指数法，窦林名和何学秋[6]基于岩体结构、力学特性的认识及采矿历史的认识，通过在分析采矿地质诱发冲击地压影响因素的基础上，确定各种因素的影响权重，综合起来建立的冲击地压危险性评价的综合指数法；于正兴等人[64]采用模糊数学方法，以采动应力和弹性能量指数为主要指标，对冲击地压发生可能性进行评级。上述预测方法得出的工作面冲击危险性预测结果都具有区域性，对冲击地压危险性程度不够量化，仅仅用于定性。

当前，诱发冲击地压的影响因素主要分为两类：一类为地质因素，主要包括开采深度、上覆坚硬顶板层位及厚度、原岩应力、煤体单轴抗压强度和煤体弹性能量指数等；另一类是开采因素，主要包括工作面与采空区的空间位置关系、工作面与煤柱的空间位置关系、工作面长度、区段煤柱、底煤厚度、开采速度和巷道支护等。但是，鲜有关于考虑富水区疏水对工作面冲击地压危险性影响的研究。

针对深部富水工作面冲击地压危险性预测还鲜有相关研究，且现有的冲击地压危险性预测方法不够量化的问题。本章建立了诱发冲击地压影响因素应力增量函数估算模型，借助工程经验、理论研究及现场实测等方法，估算了采动、构造和疏水等诱发冲击地压影响因素的应力增量函数，在自重应力的基础上叠加各个诱发冲击地压影响因素应力增量函数，获得煤体应力函数，根据冲击危险性临界指标划分冲击危险区域和冲击危险程度。将该方法应用于陕蒙接壤矿区深部富水2-2$_\text{上}$201工作面，并与冲击危险性综合指数预测方法和冲击危险性可能性预测方法对比。以期为陕蒙接壤矿区深部富水工作面冲击危险性预测趋于量化、更符合现场实际情况提供一种切实可行的方法。

4.1 基于应力叠加冲击地压危险性预测方法的基本思路与流程

4.1.1 基于应力叠加冲击地压危险性预测方法的基本思路

应力叠加的基本思路是某一点在自重应力 $\sigma_z(x)$ 的基础上叠加各个诱发冲击地压影响因素产生的应力增量 $\Delta\sigma_i(x)$ 获得煤体总应力 $\sigma_{总}(x)$，其实质认为某个诱发冲击地压影响因素附近将存在一个应力突变区域，通过建立坐标系用函数表达该突变区域产生的应力增量。最后用煤体总应力 $\sigma_{总}(x)$ 与煤岩体单轴抗压强度 σ_c 比值冲击地压危险性判断指数 $I_c(x)$ 对工作面冲击地压危险区域划分。

$$I_c(x) = \frac{\sigma_{总}(x)}{\sigma_c} \tag{4-1}$$

$$\sigma_{总} = \sum_{i=1}^{n} \Delta\sigma_i(x) + \sigma_1 \tag{4-2}$$

$$\Delta\sigma_{zi}(x) = k_i(x)\sigma_z(x) \tag{4-3}$$

$$\sigma_{总}(x) = \sigma_z(x)\left(1 + \sum_{i=1}^{n} k_i(x)\right) \tag{4-4}$$

式中　　$I_c(x)$ ——冲击地压危险性判断指数；

$\sigma_{总}(x)$ ——总应力，MPa；

σ_c ——单轴抗压强度，MPa；

$\Delta\sigma_i(x)$ ——第 i 个诱发冲击地压影响因素产生的应力增量；

$k_i(x)$ ——第 i 个因素产生的应力增量系数。

4.1.2 基于应力叠加冲击地压危险性预测方法的流程

基于应力叠加冲击地压危险性预测方法的流程如下：

（1）坐标系的建立。根据工作面分布情况，建立坐标系统，原点建立的原则为以顺槽和开切眼的交点为原点，纵坐标为煤体应力增量集中系数，横坐标为该点到原始点距离。以某矿轨道顺槽为例，建立直角坐标系统，如图4-1所示。

（2）根据煤层采深变化及诱发冲击地压影响因素特征，确定煤层自重应力函数及各个诱发冲击地压影响因素产生的应力增量函数。

（3）某一点在自重应力基础上叠加各个诱发冲击地压影响因素产生的应力增量获得某一点煤体总应力。

（4）某一点煤体总应力与煤岩体单轴抗压强度比值冲击危险性判断指数 I_c 对工作面冲击地压危险区域和程度进行划分。

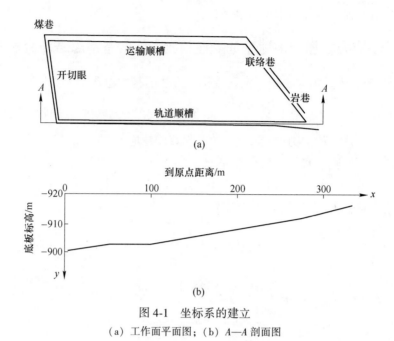

图 4-1　坐标系的建立

（a）工作面平面图；（b）*A—A* 剖面图

4.2　诱发冲击地压因素应力增量函数估算方法

将诱发冲击地压影响因素分为工作面开采前的自重应力、残余采动应力、构造应力，回采过程中引起上覆岩层运动的采动应力、疏水引起的集中应力。

4.2.1　自重应力函数

根据统计分析，随着开采深度的增加，煤层中的自重应力随之增加，煤岩体中聚积的弹性能也随之增加，冲击地压发生的可能性越大。根据图 4-1 及坐标点的关系，近似得出沿走向煤体自重应力函数，见式（4-5）。

$$\sigma_z(x) = f_1(x)\gamma \tag{4-5}$$

式中　$\sigma_z(x)$——自重应力，MPa；

　　　$f_1(x)$——工作面埋深函数；

　　　　x——离坐标原点的距离；

　　　γ——岩层容重，$2.5\times10^4\text{N/m}^3$。

4.2.2　诱发冲击地压因素应力增量函数估算模型

为定量表达某个诱发冲击地压影响因素对回采工作面的影响，从建立直角坐标系和地质资料确定该因素到坐标原点的距离 c，类比其他相似工作面同一因素产生的应力增量系数 k、影响范围 L，从而确定某个因素对巷道产生应力分布曲线，见式（4-6）。

$$\Delta\sigma(x) = f(x) \tag{4-6}$$

式中　$\Delta\sigma(x)$ ——某个诱发冲击地压影响因素产生的应力增量，MPa。

　　例如为确定某个因素对工作面煤体应力的影响，首先确定诱发冲击地压影响因素离坐标原点的距离 c，通过类比其他相似工作面确定该因素产生的应力增量峰值 $k\sigma_z(x)$ 及影响范围 L，应力近似为线性分布，如图4-2所示。

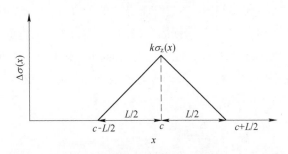

图 4-2　某因素应力增量分布关系

通过图4-2可以确定某个诱发冲击地压影响因素的应力分布关系，见式（4-7）。

$$\Delta\sigma(x) = \begin{cases} \dfrac{k\sigma_z(x)}{L/2}\left[x - \left(c - \dfrac{L}{2}\right)\right] & \left(c - \dfrac{L}{2} < x < c\right) \\ \left[1 + \dfrac{2}{L}(x - c)\right]k\sigma_z(x) & \left(c < x < c + \dfrac{L}{2}\right) \end{cases} \tag{4-7}$$

4.2.3　诱发冲击地压因素应力增量函数的估算

4.2.3.1　残余采动应力增量函数

　　现场实测统计，工作面接近停采线或者沿空巷道、硐室群、老巷等残余采动时，工作面及巷道的矿压显现将更强烈，冲击地压的发生的可能性越大。第 i 个残余采动诱发冲击地压影响因素产生的应力增量 $\Delta\sigma_{zdi}(x)$ 为：

$$\Delta\sigma_{zdi}(x) = f_i(x)\sigma_z(x) \tag{4-8}$$

4.2.3.2　构造应力增量函数

　　地质学观点认为构造异常区域岩层往往经历挤压、拉伸等变形过程，岩体内部聚集大量的弹性能。从工作面[133,134]接近构造异常地带数值模拟及矿山压力的显现看出，采掘工作面接近向斜轴部或翼部、断层、相变带、煤岩交界处区域时，发生冲击地压的可能性较大。从工作面发生位置统计，冲击地压往往发生构造应力异常地带。第 i 个构造应力诱发冲击地压影响因素产生的应力增量

$\Delta\sigma_{zgi}(x)$ 为：

$$\Delta\sigma_{zgi}(x) = f_i'(x)\,\sigma_z(x) \tag{4-9}$$

4.2.3.3 采动应力增量函数

随着工作面逐渐回采，采空区的尺寸逐渐增大，上覆岩层破坏是成拱形结构不断向上发展，采空区上覆岩层的自重应力转移到采空区周围的煤岩上，从而导致采空区周围的应力逐渐升高。工作面岩层的运动主要分以下几个阶段：（1）基本顶初次来压阶段；（2）基本顶周期来压阶段；（3）工作面见方阶段[135,136]。因此，把对工作面支承应力影响较大的工作面初次来压与工作面见方阶段作为诱发冲击地压的动态因素。第 i 个采动应力诱发冲击地压影响因素产生的应力增量 $\Delta\sigma_{zci}(x)$ 为：

$$\Delta\sigma_{zci}(x) = f_i''(x)\,\sigma_z(x) \tag{4-10}$$

4.2.3.4 疏水引起的集中应力增量函数

根据 3.2.3 节分析可知，水向导水通道运动引起富水区岩层物理力学性质不均匀损伤，导致富水区岩层顶板和煤层顶板应力出现不均匀分布，富水区岩层物理力学性质损伤后，损伤区内富水区岩层顶板和损伤区下方煤体顶板的应力出现降低，损伤区边缘富水区岩层顶板和损伤区边缘下方煤体顶板的应力出现升高。因此，工作面回采前，受疏水影响，第 i 个富水区疏水产生的应力增量函数 $\Delta\sigma_{ssi}(x)$ 为：

$$\Delta\sigma_{ssi}(x) = f_i''(x)\,\sigma_z(x) \tag{4-11}$$

4.2.4 冲击地压危险性临界指标

通过在自重应力的基础上对某一点应力进行叠加，获得煤体总应力，见式（4-12）。

$$\sigma_{总}(x) = \sigma_z(x) + \Sigma\Delta\sigma_{zdi}(x) + \Sigma\Delta\sigma_{zgi}(x) + \Sigma\Delta\sigma_{zci}(x) + \Delta\sigma_{ssi}(x)$$

$$\tag{4-12}$$

式中　　$\Sigma\Delta\sigma_{zdi}(x)$——残余采动应力总增量；

$\qquad\Sigma\Delta\sigma_{zgi}(x)$——构造应力总增量；

$\qquad\Sigma\Delta\sigma_{zci}(x)$——采动应力总增量；

$\qquad\Delta\sigma_{ssi}(x)$——疏水引起煤层应力增量。

根据式（4-1），用煤体总应力 $\sigma_{总}(x)$ 与煤岩体单轴抗压强度 σ_c 比值 $I_c(x)$ 对工作面冲击地压危险范围和程度进行划分，见表 4-1。

表 4-1 冲击地压危险状态分级[70]

I_c	0~1.5	1.5~2	2~2.5	>2.5
危险程度	无冲击危险	弱冲击危险	中等冲击危险	强冲击危险

4.3 基于应力叠加深部富水工作面冲击地压危险性预测方法应用

4.3.1 2-2上201工作面概况

石拉乌素煤矿设计产量为 1000 万吨。2-2上201 为该矿 222 采区首采工作面，工作面倾向长度为 330m，走向长度为 829m，煤层底板标高为 697~686.5m，地表标高为 1393~1359m，工作面平均埋深约为 685m，石拉乌素煤矿综合柱状图见表 3-1。东部为实体煤，西部为 2-2上201A 工作面，两工作面之间距离为 115m，根据水文地质资料，2-2上201 工作面存在 5 个富水区域，如图 4-3 所示。该工作面主采 2-2上煤层，平均厚度 5.6m，平均倾角 1°，地质构造相对简单。根据煤岩冲击倾向性鉴定结果，平均单轴抗压强度为 $\sigma_c = 17.6$MPa，平均冲击能指数 $K_E = 2.03$，平均动态破坏时间 $D_T = 87$ms，平均弹性能指数 $W_{ET} = 12.31$，具有强冲击倾向性。以 2-2上201 工作面轨道顺槽为例，基于应力叠加冲击危险性方法预测 2-2上201 工作面回采过程中的冲击危险性区域。

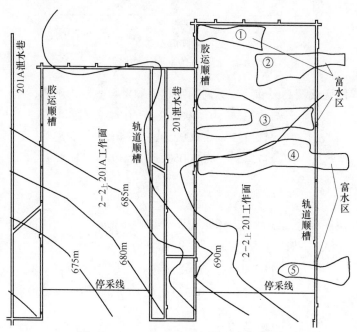

图 4-3 2-2上201 工作面平面图与富水区

4.3.2　2-2$_{\perp}$201 工作面应力增量函数估算

根据 2-2$_{\perp}$201 工作面开采地质条件，诱发 2-2$_{\perp}$201 冲击地压的主要因素包括：自重应力、褶曲构造、采动应力和富水区疏水诱发的集中应力。

4.3.2.1　自重应力函数

根据图 4-3 中 2-2$_{\perp}$201 工作面底板等高线与巷道交点，以开切眼与轨道顺槽交点为原始点 o，沿着轨道顺槽中心线为 x 轴，纵坐标埋藏深度为 z 轴，建立 xoz 直角坐标系，如图 4-4 所示。

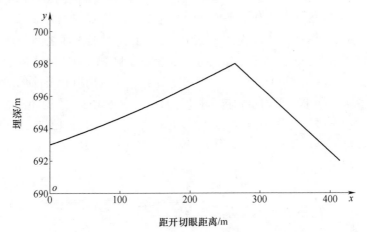

图 4-4　沿走向方向轨道顺槽埋深

根据煤层底板等高线和地表标高确定轨道顺槽自重应力函数，见式（4-13）。

$$\sigma_{z}(x) = \begin{cases} 17.325 + 0.000208x & (0 \leqslant x < 240) \\ 17.375 + 0.000259x & (240 \leqslant x < 530) \\ 17.450 - 0.000502x & (530 \leqslant x \leqslant 829) \end{cases} \quad (4\text{-}13)$$

4.3.2.2　构造应力增量函数

根据煤层底板等高线，在轨道顺槽距开切眼 530m 处存在局部褶曲，应力增量集中系数为 0.3，影响范围 20m，见式（4-14）：

$$\Delta\sigma_{zg1}(x) = \begin{cases} (0.015x - 7.65)\sigma_{z}(x) & (510 \leqslant x \leqslant 530) \\ (8.25 - 0.015x)\sigma_{z}(x) & (530 \leqslant x \leqslant 550) \end{cases} \quad (4\text{-}14)$$

4.3.2.3　采动应力增量函数

根据工作面顶板结构、岩性、工作面倾向长度，当工作面推进至 40m、330m

和660m时，依次出现初次来压、第一次见方和第二次见方。借鉴相邻矿井类似地质条件工作面的回采经验，工作面采动过程中应力增量集中系数影响范围见表4-2，得出集中系数应力增量表达式如下：

（1）初次来压

$$\Delta\sigma_{zc1}(x) = \begin{cases} (0.07x - 2.1)\sigma_z(x) & (30 \leqslant x \leqslant 40) \\ (3.5 - 0.07x)\sigma_z(x) & (40 \leqslant x \leqslant 50) \end{cases} \quad (4\text{-}15)$$

（2）第一次见方

$$\Delta\sigma_{zc2}(x) = \begin{cases} (0.05x - 15.5)\sigma_z(x) & (310 \leqslant x \leqslant 330) \\ (17.5 - 0.05x)\sigma_z(x) & (330 \leqslant x \leqslant 350) \end{cases} \quad (4\text{-}16)$$

（3）第二次见方

$$\Delta\sigma_{zc3}(x) = \begin{cases} (0.05x - 32)\sigma_z(x) & (640 \leqslant x \leqslant 660) \\ (34 - 0.05x)\sigma_z(x) & (660 \leqslant x \leqslant 680) \end{cases} \quad (4\text{-}17)$$

表 4-2 采动应力参数

阶段名称	离坐标原点距离 c	集中应力增量系数 k	影响范围 L
初次断裂	40	0.7	20
第一次见方	330	1	40
双见方	660	1	40

4.3.2.4 疏水诱发应力增量函数

2-2上201工作面存在四个富水区对轨道顺槽煤体应力产生影响，掘进过程中已进行了疏水作业，受疏水引起富水区岩层物理力学性质损伤影响，导致煤体应力出现不均匀分布，在损伤区内出现应力降低，在损伤区边缘出现应力集中。损伤区煤体应力系数降量为-0.3，边缘区应力增量集中系数为0.6，影响区域为40m。因此，受疏水影响，轨道顺槽煤体的应力增量和降低函数 $\Delta\sigma_{ssi}(x)$ 分别为

$$\Delta\sigma_{ss1}(x) = \begin{cases} -0.3\sigma_z(x) & (83 \leqslant x \leqslant 125) \\ 0.6\sigma_z(x) & (43 \leqslant x \leqslant 83) \cup (125 \leqslant x \leqslant 165) \end{cases} \quad (4\text{-}18)$$

$$\Delta\sigma_{ss2}(x) = 0.6\sigma_z(x) \quad (251 \leqslant x \leqslant 315) \quad (4\text{-}19)$$

$$\Delta\sigma_{ss3}(x) = \begin{cases} -0.3\sigma_z(x) & (393 \leqslant x \leqslant 439) \\ 0.6\sigma_z(x) & (353 \leqslant x \leqslant 393) \cup (439 \leqslant x \leqslant 479) \end{cases} \quad (4\text{-}20)$$

$$\Delta\sigma_{ss4}(x) = \begin{cases} -0.3\sigma_z(x) & (744 \leqslant x \leqslant 784) \\ 0.6\sigma_z(x) & (704 \leqslant x \leqslant 744) \cup (784 \leqslant x \leqslant 824) \end{cases} \quad (4\text{-}21)$$

4.3.2.5 应力叠加

在自重应力式（4-13）基础上叠加式（4-14）~式（4-21）可获得轨道顺槽应力，见式（4-22）。

$$\sigma_{总}(x) = \begin{cases}
\sigma_z(x) & (0 \leq x < 30) \\
(0.07x - 1.1)\sigma_z(x) & (30 \leq x < 40) \\
(4.5 - 0.07x)\sigma_z(x) & (40 \leq x < 43) \\
(5.1 - 0.07x)\sigma_z(x) & (43 \leq x < 50) \\
1.6\sigma_z(x) & (50 \leq x < 83) \\
0.7\sigma_z(x) & (83 \leq x < 125) \\
1.6\sigma_z(x) & (125 \leq x < 165) \\
\sigma_z(x) & (165 \leq x < 251) \\
1.6\sigma_z(x) & (251 \leq x < 310) \\
(0.05x - 13.9)\sigma_z(x) & (310 \leq x < 315) \\
(0.05x - 14.5)\sigma_z(x) & (315 \leq x < 330) \\
(18.5 - 0.05x)\sigma_z(x) & (330 \leq x < 350) \\
\sigma_z(x) & (350 \leq x < 353) \\
1.6\sigma_z(x) & (353 \leq x < 393) \\
0.7\sigma_z(x) & (393 \leq x < 439) \\
1.6\sigma_z(x) & (439 \leq x < 479) \\
\sigma_z(x) & (479 \leq x < 510) \\
(0.015x - 6.65)\sigma_z(x) & (510 \leq x < 530) \\
(9.25 - 0.015x)\sigma_z(x) & (530 \leq x < 550) \\
\sigma_z(x) & (550 \leq x < 640) \\
(0.05x - 31)\sigma_z(x) & (640 \leq x < 660) \\
(35 - 0.05x)\sigma_z(x) & (660 \leq x < 680) \\
\sigma_z(x) & (680 \leq x < 704) \\
1.6\sigma_z(x) & (704 \leq x < 744) \\
0.7\sigma_z(x) & (744 \leq x < 784) \\
1.6\sigma_z(x) & (784 \leq x < 824) \\
\sigma_z(x) & (824 \leq x < 829)
\end{cases} \qquad (4-22)$$

同理，可以求得胶运顺槽总应力函数。

4.3.3 2-2$_\text{上}$201 工作面冲击地压危险区域划分

根据式（4-1）和表 4-1，2-2$_\text{上}$201 工作面轨道顺槽、胶运顺槽和工作面划分为 24 个冲击危险区域，中等危险区域 3 个，弱冲击危险区域 21 个（见图 4-5 和表 4-3）。

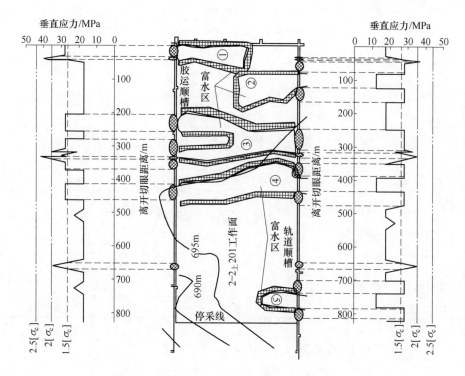

---弱冲击　---中等冲击　----强冲击　——总应力

⬬弱冲击　⊞中等冲击　⊞工作面内弱冲击危险

图 4-5　2-2$_\text{上}$201 工作面冲击地压危险区域

表 4-3　2-2$_\text{上}$201 工作面冲击地压危险区域划分表

		离开切眼距离/m	影响因素	冲击地压危险程度
轨道顺槽	1 号	38~42	深部、初次来压	弱冲击
	2 号	43~44	深部、初次来压、富水区疏水	中等冲击
	3 号	44~83	深部、富水区疏水	弱冲击
	4 号	125~165	深部、富水区疏水	弱冲击
	5 号	251~315	深部、富水区疏水	弱冲击

	离开切眼距离/m		影响因素	冲击地压危险程度
轨道顺槽	6 号	320~340	深部、第一次见方	弱冲击
	7 号	353~392	深部、富水区疏水	弱冲击
	8 号	439~479	深部、富水区疏水	弱冲击
	9 号	650~670	深部、第二次见方	弱冲击
	10 号	704~744	深部、富水区疏水	弱冲击
	11 号	784~824	深部、富水区疏水	弱冲击
胶运顺槽	12 号	0~38	深部、富水区疏水	弱冲击
	13 号	38~42	深部、初次来压、富水区疏水	中等冲击
	14 号	206~257	深部、富水区疏水	弱冲击
	15 号	280~318	深部、第一次见方、富水区疏水	弱冲击
	16 号	334~340	深部、第一次见方、富水区疏水	中等冲击
	17 号	340~373	深部、富水区疏水	弱冲击
	18 号	416~461	深部、富水区疏水	弱冲击
	19 号	650~670	深部、第二次见方	弱冲击
工作面内	20 号	工作面内	①富水区周边	弱冲击
	21 号	工作面内	②富水区周边	弱冲击
	22 号	工作面内	③富水区周边	弱冲击
	23 号	工作面内	④富水区周边	弱冲击
	24 号	工作面内	⑤富水区周边	弱冲击

4.4 冲击地压危险性预测方法对比

4.4.1 综合指数法预测 2-2$_上$201 工作面冲击地压危险性

根据文献 [6] 可知，采用综合指数法，2-2$_上$201 工作面地质条件确定的冲击地压危险状态评定的综合指数见表4-4。

表 4-4 地质条件确定的冲击地压危险状态评定指数

序号	因素	冲击地压危险状态影响因素	冲击危险指数
1	W_1	同一水平冲击地压发生历史（次数/n）	0
2	W_2	开采深度 $h = 685\text{m}$	2
3	W_3	上覆裂隙带内坚硬厚层岩层距煤层的距离 $D = 11.3\text{m} < 20\text{m}$	3

序号	因素	冲击地压危险状态影响因素	冲击危险指数
4	W_4	煤层上方 100m 范围顶板岩层厚度特征参数 $70m < L_{st} = 89 \leqslant 90m$	2
5	W_5	开采区域内构造引起的应力增量与正常应力值之比 $\gamma = (\sigma_\beta - \sigma)/\sigma$	0
6	W_6	煤的单轴抗压强度 $14MPa < \sigma_c = 17.6MPa < 20MPa$	2
7	W_7	煤的弹性能量指数 $W_{ET} = 12.31 > 5$	3
		$W_{t1} = \sum W_i / \sum W_{imax}$	0.57

对照表 1-7，2-2$_\text{上}$201 工作面地质条件影响下的冲击地压危险性指数 $W_{t1} =$ 0.57，具有中等冲击危险性，主要影响因素为采深、坚硬顶板、煤层单轴抗压强度和弹性能量指数。

根据 2-2$_\text{上}$201 工作面开采技术条件，开采技术条件确定的冲击地压危险状态评定的综合指数见表 4-5。

表 4-5 开采技术条件确定的冲击地压危险状态评定指数

序号	因素	冲击地压危险状态影响因素	冲击危险指数
1	W_1	保护层卸压程度	—
2	W_2	工作面距上保护层开采遗留的煤柱的水平距离 h_s	—
3	W_3	实体煤工作面	0
4	W_4	工作面长度 $L_m = 330m$	0
5	W_5	区段煤柱宽度 d	—
6	W_6	留底煤厚度 $0m < t_d \leqslant 1m$	1
7	W_7	向采空区掘进的巷道，停掘位置与采空区的距离 L_{jc}	—
8	W_8	向采空区推进的工作面，终采线与采空区的距离 L_{mc}	—
9	W_9	向落差大于 3m 的断层推进的工作面或巷道，工作面或迎头与断层距离 L_d	—
10	W_{10}	向煤层倾角剧烈变化（>15°）的向斜或背斜推进的工作面或巷道，工作面或迎头与之的距离 L_s	—
11	W_{11}	向煤层侵蚀、合层或厚度变化部分推进的工作面或巷道，接近煤层变化部分的距离 L_b	3
		$W_{t2} = \sum W_i / \sum W_{imax}$	0.33

对照表 1-7，2-2$_\text{上}$ 201 工作面开采技术因素影响下的冲击地压危险性指数 $W_\text{t2} = 0.33$，具有弱冲击危险性，主要影响因素为煤厚变化和底煤。

综合上述可知，2-2$_\text{上}$ 201 工作面冲击地压危险性指数 $W_\text{t} = \max(W_\text{t1}, W_\text{t2}) = 0.57$，根据表 1-7，工作面具有中等冲击危险，地质因素影响高于开采因素影响，2-2$_\text{上}$201工作面诱发冲击地压发生的主要因素为采深、坚硬顶板、煤层单轴抗压强度、弹性能量指数、煤厚变化和底煤。

4.4.2 可能性指数法预测 2-2$_\text{上}$ 201 工作面冲击地压危险性

根据 2-2$_\text{上}$ 201 工作面采矿地质条件，采动应力对"发生冲击地压"事件的隶属度计算公式为：

$$U_{I_\text{c}} = \begin{cases} 0.5I_\text{c} & (I_\text{c} \leq 1.0) \\ I_\text{c} - 0.5 & (1.0 < I_\text{c} < 1.5) \\ 1 & (I_\text{c} \geq 1.5) \end{cases} \tag{4-23}$$

其中
$$I_\text{c} = k\gamma H/\sigma_\text{c}$$

在 2-2$_\text{上}$ 201 工作面应力集中区域，$k = 1.5$，平均开采深度 $h = 685\text{m}$，$I_\text{c} = 1.45$。将 I_c 代入到式（4-23）中，可获得采动应力对"发生冲击地压"事件的隶属度为 $U_{I_\text{c}} = 0.95$。

冲击倾向性对"发生冲击地压"事件的隶属度计算公式为：

$$U_{W_\text{ET}} = \begin{cases} 0.3W_\text{ET} & (W_\text{ET} \leq 2.0) \\ 0.133W_\text{ET} + 0.333 & (2.0 < W_\text{ET} < 5.0) \\ 1.0 & (W_\text{ET} \geq 5.0) \end{cases} \tag{4-24}$$

式中 W_ET——弹性能指数。

2-2$_\text{上}$ 201 工作面 $W_\text{ET} = 12.31$，代入式（4-24），可知 $U_{W_\text{ET}} = 1$。

根据式（2-6），2-2$_\text{上}$ 201 工作面发生冲击地压可能性指数 $U = (U_{I_\text{c}} + U_{W_\text{ET}}) = 0.975$，对照表 1-8，可知，2-2$_\text{上}$ 201 工作面"能够"发生冲击地压。

4.4.3 工作面冲击地压危险性预测结果对比分析

根据 4.4.1 节和 4.4.2 节冲击地压危险性预测结果可知，采用综合指数法，2-2$_\text{上}$201 工作面冲击危险性指数 $W_\text{t} = 0.57$，为中等冲击危险；根据可能性指数法，2-2$_\text{上}$201 工作面可能性指数 $U = 0.975$，该工作面"能够"发生冲击地压。上述两种预测方法对该工作面的冲击危险性预测结果都是定性，与基于应力叠加工作面冲击危险性预测结果图 4-5 和表 4-3 对比，表明基于应力叠加深部富水工作面冲击危险性预测方法更趋于量化。

4.5　现场矿压显现

　　1月10日，当工作面轨道顺槽和胶带顺槽距开切眼分别为265.6m和254.6m时，工作面出现2.3级，能量为10^6的大能量微震事件，同时，工作面和巷道煤壁出现片帮，煤炮频繁，如图4-6所示。

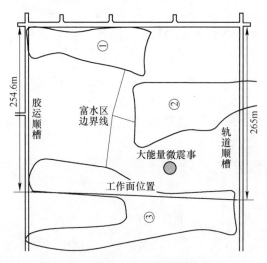

图 4-6　工作面大能量微震事件位置

　　对照图4-5和表4-3可知，深部富水2-2$_上$201工作面冲击危险性预测结果为轨道顺槽距开切眼265.6m区域为弱冲击危险，胶带顺槽距开切眼254.6m位置为弱冲击危险，见表4-6，表明预测结果与现场相符。

表 4-6　预测结果和现场矿压显现对比

类　型	预测结果	现场矿压显现
轨道顺槽	弱冲击危险	发生大能量微震事件，工作面和巷道煤壁出现片帮，煤炮频繁
胶运顺槽	弱冲击危险	

4.6　本章小结

　　针对深部富水工作面冲击地压危险性预测还鲜有相关研究，且现有的冲击地压危险性预测方法不够量化的问题。本章提出了基于应力叠加深部富水工作面冲击地压危险性评价方法，将该方法应用于陕蒙接壤矿区深部富水2-2$_上$201工作面，并与综合指数预测方法和可能性预测方法对比，得到如下结论：

　　（1）建立了诱发冲击地压影响因素应力增量函数估算模型，借助工程经验、理论研究及现场实测等方法，估算了采动、构造和疏水等诱发冲击地压影响因素的应力增量函数。

（2）提出了基于应力叠加深部富水工作面冲击危险性预测方法。在自重应力函数的基础之上叠加各个诱发冲击地压影响因素产生的应力增量估算函数，获得煤体应力函数，根据临界指标划分冲击危险区域和危险程度。

（3）与综合指数法和可能性指数法对比，基于应力叠加深部富水工作面冲击危险性预测方法量化地反映工作面冲击危险区域和危险程度。

（4）根据深部富水 2-2$_\text{上}$ 201 工作面现场矿压显现表明，基于应力叠加深部富水 2-2$_\text{上}$ 201 工作面冲击地压危险性预测结果符合现场情况。

5 基于防冲陕蒙接壤矿区深部重型综采面快速回撤方法

陕蒙接壤矿区普遍为千万吨级矿井，工作面设计宽度普遍为 250~350m，属于典型的重型工作面，末采期间快速回撤是该矿区普遍面临的问题。随着陕蒙接壤矿区采深的增大，深部重型综采面末采阶段快速回撤将面临冲击地压威胁。因此，本章基于防冲，重点研究了陕蒙接壤矿区深部重型综采面快速回撤方法。

5.1 引言

综采工作面设备（割煤机、支架、刮板等）回撤是生产中的一个重要环节，其速度的快慢直接影响到煤矿的生产效益，速度越快效益越明显，尤其是在重型工作面。已规模化生产陕蒙接壤浅部矿区（神东和榆神矿区）普遍采用大工作面设计，最宽可达 450m，设备质量从 2000t 增加到 6000t，如果工作面末采阶段继续采用常规造条件撤架方法，回撤时间将从 20~30 天增加到 45~60 天，随着回撤时间的增加，末采阶段容易出现采空区自燃。因而，陕蒙接壤浅部矿区重型工作面普遍采用单（双）通道快速回撤方法[118~120]，如图 1-8 所示，从而缩短回撤时间，有利于防止采空区自燃和有利于增加矿井效益，实现了工作面的快速回撤。

以工作面长度为 330m，煤层厚度为 5m 的重型综采工作面为例，现有的三种回撤方法的经济效益情况见表 5-1。从表 5-1 可知，重型综采工作面回撤时间越短，产原煤越多，越容易控制采空区煤体自燃。因此，造条件撤架方法普遍应用于常规工作面，单（双）通道回撤方法普遍应用于浅部重型综采工作面。随着采深的增加，煤体在自重应力的作用下本身处于高应力状态，陕蒙接壤矿区深部重型工作面如何快速回撤是亟待解决的问题。

表 5-1 重型综采工作面回撤方法的经济效益分析表

回撤方式	时间/d	成本	多产原煤/万吨	效益	存在的问题	
					浅 部	深 部
造条件回撤方法	45~60	低	0	一般	采空区煤体自燃	采空区煤体自燃

回撤方式	时间/d	成本	多产原煤/万吨	效益	存在的问题	
					浅 部	深 部
单通道回撤方法	15~20	一般	46.2	较好	回撤通道轻微变形、压架和片帮	回撤通道严重变形、压架和严重片帮、冲击
多通道回撤方法	7~15	高	55.4	好	回撤通道和联络巷轻微变形、压架和片帮	回撤通道和联络巷严重变形、压架、严重片帮和冲击

根据现场实践表明，当采深大于300m后，单（双）通道快速回撤方法的回撤通道易出现底鼓、冒顶和片帮等问题，见表5-2。陕蒙接壤矿区深部工作面采深为550~720m，且煤层具有强冲击倾向性，因此，工作面快速回撤期间回撤通道还存在冲击地压危险。

鉴于此，本章首先统计单（双）通道快速回撤案例，分析陕蒙接壤矿区深部重型综采工作面继续沿用浅部单（双）快速回撤方法存在的问题，然后以石拉乌素煤矿 2-2$_上$ 201 工作面为工程背景，基于防冲和围岩可控，研究了单（双）通道快速回撤方法的临界深度。综合考虑以下原则：有利于防冲、有利于防灭火、有利于经济高效，提出了长距离多联巷快速回撤方法，并将研究成果应用于采深近700m的 2-2$_上$ 201 重型综采工作面。

5.2 重型综采工作面单（双）快速回撤工程案例分析

5.2.1 单通道快速回撤工程案例

安家岭二号井工矿 B902 工作面宽度为 240.5m，走向长度为 1581m，主采9号煤层，煤厚 8.85~18.55m，平均 12.7m，综放开采。平均埋深150m左右，倾角 2°~7°。采用单通道回撤方法，主回撤通道尺寸为 5.5m×4.2m，采用锚杆索和架钢梁联合支护。

2016 年 11 月 28 日，距主回撤通道38m时，工作面煤壁出现片帮；12 月 4 日，距工作面 6.7m 时，主回撤通道整体下沉，用于支护的数百根单体、20 多架木垛全部倒塌，工作面 30 多台支架压死；12 月 8 日，离工作面 1.6m 时，回撤通道堵塞报废，如图5-1所示。

根据现场分析，回撤通道位于向斜轴部区域且巷道内淋水，造成应力集中，与此同时，主回撤通道位于基本顶断裂线以内且正好周期来压，上述两个原因导致原回撤通道被压垮，回撤失败。

5.2.2 双通道快速回撤工程案例

大柳塔煤矿 52304 工作面宽度为 301m，走向长度为 4547.06m，埋深 275m，

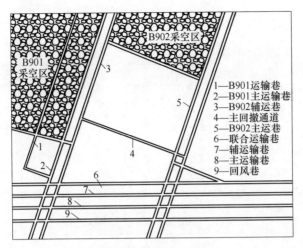

图 5-1　工作面巷道示意图

煤层平均厚度约 7m，煤层结构简单，煤层倾角 1°~3°，工作面采用双通道回撤方法，主回撤通道尺寸为 5m×4.5m。

2013 年 3 月 6 日，工作面在距主回撤通道 20m 处停采等压，3 月 8 日下午，调节巷和主回撤通道煤壁处出现大面积片帮，39~108 号支架活柱下缩严重，其中 86~88 支架活柱行程为 0.8m，片帮冒顶区域如图 5-2 所示。

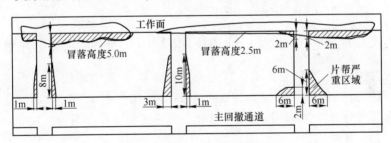

图 5-2　现场片帮冒顶情况[17]

5.2.3　陕蒙接壤矿区快速回撤案例统计

神东矿区双通道回撤方法案例统计见表 5-2。从表中可知，随着采深越大，回撤通道逐渐出现冒顶、片帮和压架等现象。

表 5-2　双通道回撤方法案例统计[137]

矿井名称	工作面名称	采深/m	有无冒顶、片帮、压架
大柳塔矿	22608~22615	48~80	无
补连塔矿	22207-2	55	无
石圪台矿	12$_上$101~12$_上$107	53~77	无

矿井名称	工作面名称	采深/m	有无冒顶、片帮、压架
活鸡兔井	12$_{上}$201 ~ 12$_{上}$208	61 ~ 101	无
活鸡兔井	22301 ~ 22306	69 ~ 102	无
上湾煤矿	51201 ~ 51203	72 ~ 87	无
大柳塔矿	22302 ~ 22309	75 ~ 94	无
石圪台矿	12103 ~ 12105	83 ~ 90	无
石圪台矿	12201 ~ 12206	77 ~ 98	无
补连塔矿	12311	109	无
补连塔矿	22302	147	无
补连塔矿	12401，12402	253 ~ 260	有
大柳塔矿	52304	275	有

综上可知：

（1）采用单（双）通道回撤方法，实现了浅部重型综采工作面的快速回撤。

（2）随着采深的增大或围岩应力集中，回撤通道易出现底鼓、冒顶、片帮和压架现象。

（3）根据深部矿井开采经验，当煤体具有强冲击倾向性，且采深达到一定深度后，回撤通道很可能发生冲击地压灾害。

5.3　陕蒙接壤矿区单（双）通道快速回撤方法的临界深度研究

为研究陕蒙接壤矿区单（双）通道回撤方法的适用深度，以石拉乌素矿2-2$_{上}$201工作面为例，采用 UDEC^{2D} 数值软件分析工作面末采阶段不同采深条件下主回撤通道的围岩应力和围岩变形规律，最后基于防冲和围岩可控的原则确定单（双）通道快速回撤方法的临界深度。

5.3.1　数值计算模型的建立与开采方案

5.3.1.1　模型建立

模型中各岩层的岩性、厚度以石拉乌素矿2-2$_{上}$201工作面钻孔柱状图为参考，根据该矿岩层物理力学参数测试结果，确定数值模拟中的岩层材料力学参数见表5-3所示。计算模型长×高为300m×130m，其中，水平煤层厚度为5.0m，底板厚度为25m，左右边界为水平位移约束，底部边界采用垂直位移约束，顶部根据采深施加不同的载荷，如图5-3所示。

表 5-3 岩层材料力学参数

岩性	厚度/m	密度 /kg·m⁻³	剪切模量 /GPa	体积模量 /GPa	抗拉强度 /MPa	黏聚力 /MPa	内摩擦角 /(°)
砂质泥岩	39	2410	1.239	1.901	0.8	0.9	28
细砂岩	28	2453	2.987	5.398	2.9	3.0	32
粉砂岩	12	2530	1.200	1.800	0.76	0.85	28
细砂岩	16	2520	3.000	5.423	1.8	2.2	30
中砂岩	5	2447	3.600	5.700	2.0	2.4	31
煤层	5	1380	1.800	2.700	0.8	1	28
粗砂岩	5	2480	3.300	5.100	3.00	3.3	33
粉砂岩	20	2530	1.200	1.800	0.76	0.85	28

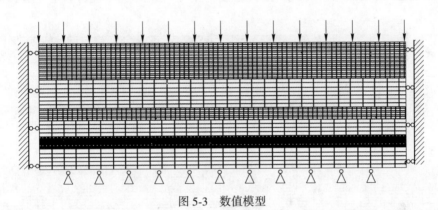

图 5-3 数值模型

此次数值分析制定了 100m、200m、300m、400m、500m、600m 和 700m 这七组采深条件，以确定采深对主回撤通道围岩应力、围岩变形的影响。当模拟采深超过 100m 时，上覆岩层重量以均布载荷的形式施加到模型顶部，一般采深每增加 100m，均布载荷相应增加 2.5MPa。

5.3.1.2 破坏准则

模型计算采用 Mohr-Coulomb[138] 准则，该屈服准则为：

$$f_t = (c\cot\varphi + \sigma_3)\frac{\sin\varphi}{1 - \sin\varphi} \qquad (5-1)$$

$$f_t = \frac{\sigma_1 - \sigma_3}{2} \qquad (5-2)$$

式中　σ_1, σ_3——分别为最大、最小主应力，MPa；

　　　φ ——内摩擦角，(°)；

　　　c ——黏聚力，MPa。

5.3.1.3 开采方案

首先开挖主回撤通道 5.0m×5.0m，并进行支护，数值计算直至平衡，然后开始工作面回采（见图 5-4），具体方法为：距主回撤通道 100m 处开始回采，分为 7 个步骤，推进步距依次为 20m、20m、20m、20m、10m、5m、3m。在此计算过程中对主回撤通道两侧煤体应力和顶底板两帮位移进行监测。

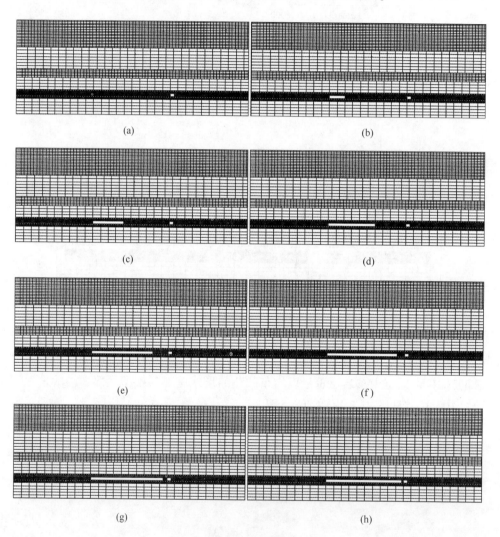

图 5-4 开挖步骤

（a）回撤通道开挖；（b）距回撤通道 80m；（c）距回撤通道 60m；（d）距回撤通道 40m；
（e）距回撤通道 20m；（f）距回撤通道 10m；（g）距回撤通道 5m；（h）距回撤通道 2m

5.3.2　不同采深下主回撤通道围岩应力和围岩变形规律

5.3.2.1　采深对煤体应力峰值的影响

图 5-5 所示为不同采深条件下工作面距主回撤通道 2m 时垂直应力分布曲线，从图中可知，随着采深的增大，煤体垂直应力峰值越大，峰值位置离回撤通道越远。

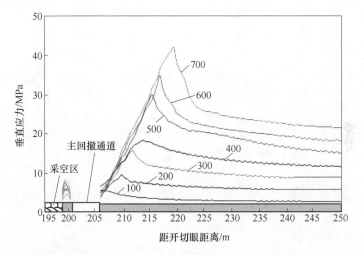

图 5-5　不同采深条件下工作面距主回撤通道 2m 时垂直应力分布曲线

表 5-4 所列为工作面距主回撤通道 2m 时不同采深与煤体应力峰值关系。从表中可知，当采深分别为 100m、200m、300m、400m、500m、600m、700m 时，对应的煤体应力峰值分别为 6.1MPa、9.69MPa、15.7MPa、18.4MPa、30MPa、35MPa、42MPa；对应的应力峰值距主回撤通道距离分别为 0m、4.5m、6.5m、9m、10m、11.5m 和 14m。可见，随着采深越来越大，工作面向主回撤通道推进过程中的煤体应力峰值越来越大。当煤体所受外界应力超过煤体自身强度时，主回撤通道存在冒顶、片帮和失稳危险。

表 5-4　工作面距主回撤通道 2m 时不同采深条件下的煤体应力峰值

采深/m	100	200	300	400	500	600	700
应力峰值/MPa	6.1	9.69	15.7	18.4	30	35	42
距主回撤通道距离/m	0	4.5	6.5	9	10	11.5	14

5.3.2.2　采深对回撤通道变形的影响

巷道两帮和顶底板位移量是评估巷道围岩稳定性的重要指标。图 5-6 所示为不同采深条件下，工作面距主回撤通道 2m 时顶底板和两帮位移量关系。从图 5-6（a）可知，主回撤通道左帮和右帮围岩变形随着采深增大而增大，采深小于 300m 时，围岩变形速度较小，超过 300m，增长速度明显加快；从图 5-6（b）可知，顶板位移随着采深增大而增大，底板变形开始较小，当采深超过 400m 时，底板变形速度明显增大。

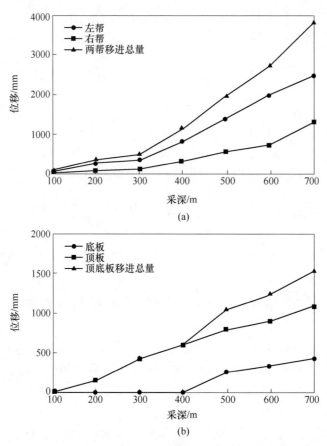

(a)

(b)

图 5-6　采深与主回撤通道位移量的关系

（a）两帮位移；（b）顶底板位移

表 5-5 所示为在不同采深条件下，距工作面 2m 时主回撤通道顶底板和两帮位移情况。由表 5-5 可知，当采深分别为 100m、200m、300m、400m、500m、600m、700m 时，顶底板位移量分别为 38.6mm、178.5mm、443mm、623mm、1060mm、1250mm、1540mm；两帮位移量分别为 66mm、357mm、480mm、1159mm、1960mm、2740mm、3800mm。可见，工作面接近主回撤通道过程中，采深越大，围岩变形也越大。图 5-7 为距工作面 2m 时，主回撤通道分别在采深 100m 和 500m 时的变形情况。

表 5-5　不同采深条件下的巷道位移量

采深/m	底板/mm	顶板/mm	顶底板/mm	左帮/mm	右帮/mm	两帮/mm
100	3.6	35	38.6	50	16	66
200	8.5	170	178.5	281	76	357
300	15	428	443	350	130	480
400	23	600	623	844	315	1159
500	260	800	1060	1400	560	1960
600	350	900	1250	2000	740	2740
700	440	1100	1540	2500	1300	3800

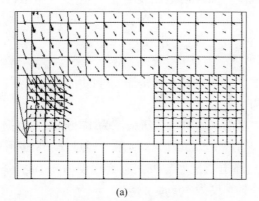

(a)

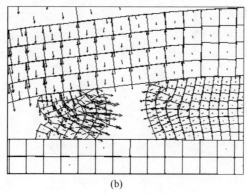

(b)

图 5-7　主回撤通道变形

（a）采深 100m；（b）采深 500m

5.3.3　基于防冲单（双）通道快速回撤方法临界深度研究

根据 Mohr-Coulomb 强度准则，煤岩体抗压强度与侧向应力之间关系为：

$$\sigma_1 = \sigma_c + \frac{1 + \sin\varphi}{1 - \sin\varphi}\sigma_3 \qquad (5\text{-}3)$$

式中　σ_1——岩石破坏时最大主应力，MPa；

　　　σ_c——煤体单轴抗压强度，MPa；

　　　φ——岩石的内摩擦角，（°）；

　　　σ_3——岩石破坏时最小主应力，MPa。

鉴于主回撤通道两帮附近煤体侧压力近似为零，因此，巷道两帮附近煤体发生破坏最大主应力为：

$$\sigma_1 \approx \sigma_c \qquad (5\text{-}4)$$

对于深部具有强冲击倾向性的煤层来说，主回撤通道不仅存在片帮和冒顶等问题，还存在冲击危险。而冲击地压发生是"应力"作用的结果，煤体所受外界应力与煤体单轴抗压强度应力比 I_c 为：

$$I_c = \sigma_{总} / \sigma_c \qquad (5\text{-}5)$$

式中　$\sigma_{总}$——煤体外界应力总和，MPa。

根据文献 [132]，认为在具有冲击倾向性的中硬煤层条件下，冲击地压发生的应力比 I_c 临界值为 1.5。

石拉乌素煤矿煤层的平均单轴抗压强度为 17.6MPa，根据表 5-4 可以得出不同采深条件下煤体应力峰值，如图 5-8 所示。通过图 5-8 多项式趋势公式，基于围岩失稳，单（双）通道快速回撤方法临界深度为 321m；基于防冲，单（双）通道快速回撤方法临界深度为 465m。

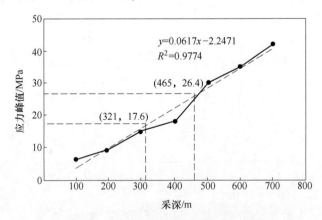

图 5-8　采深与煤体应力峰值对应关系

5.3.4　基于围岩可控单（双）通道快速回撤方法临界深度研究

根据国内井下巷道围岩变形控制难易程度的划分标准[139]，当巷道变形量超过 500mm 时，巷道维护属于困难状态，见表 5-6，结合表 5-5 中的数据，不同采深条件下顶底板和两帮变形曲线如图 5-9 所示。

表 5-6 井下巷道维护状况类别

巷道维护状况	容易	中等	困难	极难
围岩变形量/mm	<200	200~500	500~1000	>1000

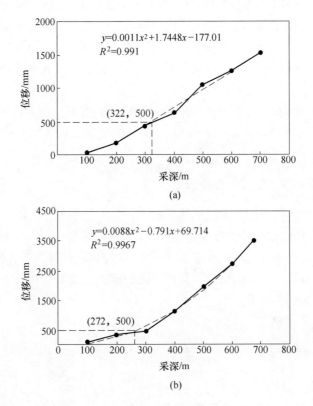

图 5-9 采深与围岩变形对应关系
（a）顶底板；（b）两帮

由图 5-9 可知，当巷道顶底板位移量小于 500mm 时对应的极限深度为 322m；当巷道两帮位移量小于 500mm 时对应的极限深度为 272m。通常，当巷道围岩位移量超过 500mm 时，巷道一般难于控制，据此，确定基于围岩变形可控的极限深度为 272~322m。

综合上述可知，基于防冲，单（双）通道回撤方法的临界深度为 465m；基于围岩可控和围岩稳定，单（双）通道回撤方法的临界深度为 272~322m。陕蒙接壤矿区深部工作面采深大于 550m，因此，如果采用单（双）通道回撤方法，工作面存在冲击危险。

5.4 基于防冲深部重型综采面长距离多联巷快速回撤方法

鉴于深部重型综采工作面采用单（双）通道回撤方法存在冲击问题，以及采用常规深部造条件撤架方法存在撤架周期长、采空区残煤容易自燃、管理困难、经济效益不高等问题。综合考虑以下原则：有利于防冲、有利于防灭火、有利于经济高效，提出了"长距离多联巷快速回撤方法"。该方法把撤架期间防冲作为主要因素，通过研究超前支承压力影响范围，将主回撤通道布置在支承压力峰值影响范围以外，用多条联络巷与主回撤通道连通，且联络巷提前预掘，待工作面推进到停采线位置处与工作面煤壁沟通，从而实行多头并行作业，实现工作面快速回撤。此方法的显著优势在于：

（1）主回撤通道位于支承压力峰值影响以外，有利于围岩稳定。

（2）工作面推透联络巷时，片帮、冒顶和冲击危险区域缩小，易于实现灾害控制。

5.4.1 长距离多联巷快速回撤方法

长距离多联巷快速回撤方法的步骤如下：

（1）在工作面超前支承压力影响范围未超过停采线以前，在停采线外侧 l 的位置，沿煤壁开掘一条与停采线基本平行的主回撤通道，在主回撤通道与停采线之间掘出间距为 d 的 n 条联络巷，从而形成长距离多联巷快速回撤系统，实现多头作业通道，如图 5-10 所示。

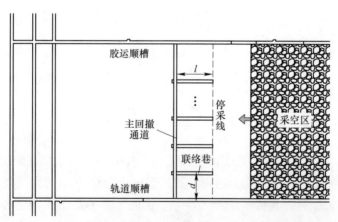

图 5-10 长距离多联巷快速回撤方法巷道布置

（2）工作面接近停采线时，根据掌握的周期来压规律，合理选择停采位置，避免回撤位置发生周期压力。

（3）工作面准备回撤时，停止前移液压支架，割煤机自行截割收尾回撤空间。

（4）工作面按照设备回撤顺序依次从两条顺槽和联络巷中实行多头回撤。

长距离多联巷快速回撤方法与造条件、单通道、双通道安全效益综合对比分析见表5-7。

表5-7　四种回撤方案的安全与经济分析

回撤方式	主回撤通道底鼓、冒顶、片帮和冲击		联络巷底鼓、冒顶、片帮和冲击		压架	防灭火	巷道掘进量	回撤速度
	浅部	深部	浅部	深部				
造条件					无	严重	无	慢
单通道	轻微	严重	整体轻微	整体严重	严重	无	一般	快
多通道	轻微	严重	整体轻微	整体严重	严重	无	多	快
长距离多联巷	无	无	局部轻微	局部严重	无	无	较多	较快

从表5-7中可知，长距离多联巷与单（双）回撤通道相比，主回撤通道位于支承压力峰值以外，处于稳定状态，仅局部联络巷存在失稳风险；与此同时，避免迎巷道回采，出现控顶距突然增大导致支架被压死风险。与造条件撤架相比，防灭火压力减小，回撤速度快，经济效益明显。综合考虑防冲、防灭火、经济高效等因素，长距离多联巷相比其他回撤方法更适用于深部重型综采工作面的快速回撤。

为使该方法得以成功应用，还需解决以下问题：

（1）主回撤通道与停采线距离 l 的确定；

（2）基于防冲联络巷间距 d 的确定；

（3）联络巷局部区域支护和防冲。

5.4.2　基于防冲主回撤通道与停采线距离 l 的确定

为防止在超前支承压力作用下发生失稳或冲击，主回撤通道应布置在支承压力峰值低应力状态。通过理论计算、本工作面回采过程中的微震和应力监测数据可以确定超前支承压力分布规律，从而确定主回撤通道与停采线之间距离 l。

5.4.3　基于防冲联络巷间距 d 的确定

联络巷数量决定了工作面回撤速度，回撤速度直接关系到工作面回采效益。但联络巷数量过多不仅增加掘进成本，而且对于深部具有强冲击倾向性煤层的矿井来说，联络巷之间煤柱过小易诱发冲击，以下从防冲的角度讨论联络巷之间的距离。

为避免联络巷之间的煤柱发生整体失稳条件，应当保证煤柱所受的应力小于其综合抗压强度。可表示为：

$$p/R < 1 \tag{5-6}$$

$$p = \Delta\sigma_q + \sigma_z = k\sigma_z \tag{5-7}$$

式中　p——作用在煤柱上的平均应力，MPa；

　　　　R——煤柱综合抗压强度，其大小与煤体单轴抗压强度 σ_c 和受力环境密切相关，MPa；

　　　　σ_z——自重应力，MPa；

　　　　$\Delta\sigma_q$——工作面回采产生的煤体应力增量，MPa；

　　　　k——应力集中系数。

考虑到联络巷之间煤柱的弹塑性分布规律，煤体的抗压系数 N 与煤体围压呈线性关系，一般情况下 $N_{max} \approx 3 \sim 5$（三向应力状态），煤体边缘（塑性或破碎区）$N_{min} \approx 1$，则煤柱综合抗压强度为：

$$R \approx \left(\frac{2m}{d}N_{min} + \frac{d-2m}{d}N_{max}\right)\sigma_c \tag{5-8}$$

式中，m 为煤柱煤体一侧塑性范围，近似为煤层厚度的 $3 \sim 5$ 倍，m。

基于防冲，为避免煤柱发生整体失稳破坏，综合式（5-6）~式（5-8）可得联络巷煤柱间煤体最小宽度为：

$$d = \frac{2m(N_{max} - N_{min})\sigma_c}{N_{max}\sigma_c - k\sigma_z} \tag{5-9}$$

式（5-9）主要针对具有冲击倾向性的中硬煤层。

5.4.4　联络巷支护与防冲

长距离多联巷快速回撤方法巷道布置虽然避免了回撤通道大面积受支承压力影响，但联络巷局部区域仍受支承压力影响，存在失稳或冲击危险。因此，仍需做好联络巷支护和防冲工作。

5.4.4.1　加强联络巷支护

联络巷加强支护主要包括顶板补强支护、煤帮加强支护和顶板整体支护。顶板补强支护主要通过补打锚索方式将联络巷顶板固定在高位厚硬岩层上，避免工作面与联络贯通期间直接顶之间或直接顶与基本顶之间出现离层，从而降低冲击载荷和支架控顶厚度；联络巷煤帮加强支护是指对煤帮打设高应力锚索和锚杆，保持煤帮完整，增强承载能力；联络巷整体支护是指通过架设单体、木垛、超前液压支架等，避免工作面揭露联络巷后出现空顶及造成支架控顶距范围增大。

5.4.4.2　联络巷防冲

采用长距离多联巷快速回撤方法后，局部联络巷存在冲击危险，因此，在工作面接近联络巷前，应对联络巷冲击地压进行防治。

5.5　基于防冲深部重型综采面长距离多联巷快速回撤方法的应用

5.5.1　工程概况

石拉乌素煤矿设计年产量为 1000 万吨。2-2$_上$201 为 222 采区首采工作面，四周实体煤，平均采深 685m，宽度为 330m，走向长度为 830m。目前主采 2-2$_上$煤层，煤层平均厚度 5.0m，平均倾角 1°，地质构造相对简单。根据煤岩冲击倾向性鉴定结果，2-2$_上$煤层平均动态破坏时间 $D_T = 87\text{ms}$，平均弹性能指数 $W_{ET} = 12.31$，平均冲击能指数 $K_E = 2.03$，平均单轴抗压强度 $\sigma_C = 17.6\text{MPa}$，具有强冲击倾向性，详细见 4.4.1 节。

5.5.2　长距离多联巷相关参数确定及系统形成

5.5.2.1　基于防冲主回撤通道与停采线之间距离 l

根据 3.1.3 节走向支承压力计算结果，主回撤通道应布置在走向支承压力小于 $1.5\sigma_c$ 范围外，根据式（3-36）可知，主回撤通道应与停采线距离为 86m。

为防止发生冲击地压，2-2$_上$201 开采过程中工作面安装了冲击地压实时在线监测系统和微震监测系统，图 5-11 所示为工作面末采阶段煤体相对垂直应力变化曲线图和微震事件"固定"工作面投影图。

图 5-11（a）所示为一组测点，包括 9m 和 15m 两个应力计，图中负数为工作面距测站距离，从图中可以看出，当工作面距测点 36m 时，应力开始变化，距测点 26m 时，应力出现明显变化，应力监测结果表明，支承压力影响范围为 36m，明显影响范围为 26m。由于该组测点布置在顺槽附近，存在边界效应，工作面中部实际支承压力影响范围将更大（后续联络巷应力测点监测结果表明，工作面中部支承压力影响范围为 73.5m）。

图 5-11（b）所示为微震事件"固定"工作面投影图，从图中可知，工作面回采超前影响范围为 81m，剧烈影响范围为 35m。

综合走向支承压力理论计算和"应力-微震"监测结果确定主回撤通道与停采线距离 l 为 81m。

5.5.2.2　基于防冲联络巷间距 d 确定

针对 2-2$_上$201 工作面开采地质技术条件，平均采深为 685m，覆岩平均容重为 25kN/m^3，则自重 $\sigma_z = 17.125\text{MPa}$，工作面应力集中系 $k = 2$，煤体单轴抗压强度 $\sigma_c = 17.6\text{MPa}$，煤体三向应力状态下抗压系数 $N_{max} \approx 3$，煤体边缘 $N_{min} \approx 1$，为

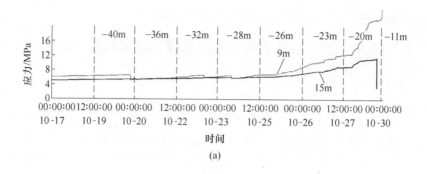

(a)

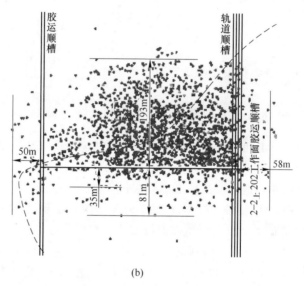

(b)

图 5-11　工作面回采影响范围

（a）煤体相对垂直应力变化图；（b）微震事件"固定"工作面投影图

防止联络巷发生冲击，一般提前在联络巷两帮分别施工大直径卸压钻孔，长度为 20m，则 $m = 20m$，将上述参数代入式（5-9）可得联络巷之间最小宽度 $d = 75.9m$。

综合考虑回撤设备数量和组织人员水平，决定施工两条联络巷，巷道中心间距为 110m。

5.5.2.3　长距离多联巷快速回撤系统形成

根据上述参数，为快速回撤工作面做好准备，在工作面距停采线 300m 时，提前在停采线外侧 81m 位置，沿煤壁开掘一条与停采线基本平行的主回撤通道，与此同时，在停采线与主回撤通道之间施工两条间距为 110m 的联络巷，如图 5-12 所示。

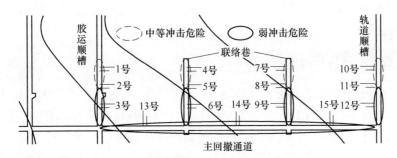

图 5-12 冲击危险区划分和应力计布置图

5.5.3 主回撤通道与联络巷的冲击地压防治

5.5.3.1 加强联络巷及主回撤通道支护

根据图 5-11 可知，工作面前方 26~35m 为明显采动影响范围，81m 为采动影响范围。因此，在原有支护基础上，分别在联络巷和主回撤通道的两帮、顶板补打 1 根和 3 根 $\phi21.6mm\times10300mm$ 锚索，同时配以 T 型钢带加以支护；距停采线外侧 0~35m 联络巷内采用垛式液压支架或一梁两柱单体对联络巷进行整体支护，排间距 1.5m。

5.5.3.2 联络巷及主回撤通道防冲

A 末采阶段冲击危险性预测

根据 4.1 节基于应力叠加回采工作面冲击危险性预测方法，2-2$_\text{上}$201 工作面末采阶段冲击危险区域如图 5-12 所示。工作面离停采线前方 0~35m 范围为中等冲击危险区域，35~81m 为弱冲击危险区域。

B 预卸压

在工作面未接近停采线一定距离前，提前施工大直径卸压钻孔，中等冲击危险区域卸压参数为：孔径为 110mm，孔距为 1.5m，孔深为 20m；弱冲击危险区域卸压参数为：孔径为 110mm，孔距为 3m，孔深为 20m。

C 监测预警

在工作面距停采线 100m 时，提前在联络巷布置应力测点，总共布置 15 组，每组布置深、浅两个测点，应力传感器埋置深度分别为 15m、9m，如图 5-12 所示。当工作面距停采线 80m 时（末采阶段），采煤组每班回采前对联络巷一帮施工 6 个间距为 10m 的钻屑量检测孔，并结合"应力-微震"监测系统对联络巷冲击危险性进行动态预警。

5.5.4　现场矿压显现与经济效益

当工作面距停采线 20m 时，联络巷内侧 0~5m 内的预卸压孔出现塌孔现象，如图 5-13 所示。当工作面距停采线 10m 时，4 号测点应力出现预警，监测组及时通知井下防冲队对 4 号测点位置进行钻屑量监测，发现钻屑量超标，由于及时施工，孔径 120mm、孔深 20m、孔间距 1m 的密集大直径卸压孔解除冲击危险。

图 5-13　大直径卸压钻孔塌孔

由于采用长距离多联巷快速回撤方法，同时做好联络巷支护和防冲工作，2-2上201重型综采工作面顺利实现搬家倒面，从工作面开始撤溜到另一个工作面安装总共 32 天，与常规深井造条件相比，在相同人员设备管理条件下，回撤方法所需约 50 天，减少 18 天回撤时间，安全和经济效益明显。

5.6　本章小结

重型综采工作面的回撤速度直接影响煤矿的经济效益，针对陕蒙接壤矿区深部重型综采面采用单（双）通道快速回撤方法存在底鼓、冒顶、片帮和冲击等问题，以石拉乌素煤矿 2-2上201 首采工作面为例，通过数值模拟、理论分析等方法，研究了该地区单（双）通道快速回撤方法的临界深度，并基于防冲提出适用于深部重型综采工作面的快速回撤方法，将上述成果应用于陕蒙接壤矿区深部 2-2上201 重型综采工作面，得到以下结论：

（1）根据石拉乌素煤矿地区的煤岩强度，基于围岩失稳和围岩变形可控的原则，单（双）通道快速回撤方法临界深度为 272~322m；基于防冲，单（双）通道快速回撤方法临界深度为 465m。

（2）综合考虑防冲、防灭火、经济高效等原则，提出了深部重型综采工作面长距离多联巷快速回撤方法，并基于防冲确定了主回撤通道位置和联络巷间距。该方法把撤架期间防冲作为主要因素，通过研究超前支承压力分布特征，将主回撤通道布置在支承压力峰值影响范围以外，用多条联络巷与主回撤通道连通，且联络巷提前预掘，待工作面推进到停采线位置处与工作面煤壁沟通。此方法的显著优势在于：

1）主回撤通道位于支承压力峰值影响以外，有利于围岩稳定。

2）工作面推透联络巷时，片帮、冒顶和冲击危险区域缩小，易于实现灾害控制。

（3）研究成果应用于采深近 700m 的石拉乌素煤矿 2-2$_\text{上}$201 重型综采工作面，与常规造条件回撤方法相比，提前 18 天完成回撤任务，取得了良好的安全和经济效益。

6 陕蒙接壤矿区深部富水工作面冲击地压防治对策与应用

本章在第 3 章陕蒙接壤深部富水工作面冲击地压发生机理的基础上，提出了深部富水工作面冲击地压防治对策，以石拉乌素煤矿深部富水 2-2$_\text{上}$201A 工作面为工程背景，对掘进、回采和末采期间的冲击地压防治进行应用。

6.1 陕蒙接壤矿区深部富水工作面冲击地压防治对策

冲击地压防治的关键是控制巷道围岩体所受的应力。根据第 3 章中式（3-52）可知，当巷道围岩所受应力 σ 与巷道围岩强度 σ_w 比值超过一定值 I_w 时，则巷道处于发生冲击地压危险临界状态。因此，冲击地压防治的思路为降低巷道围岩应力 σ（降低巷道围岩应力或转移巷道围岩高应力）和增加巷道围岩强度 σ_w。深部富水工作面冲击地压防治对策如图 6-1 所示。

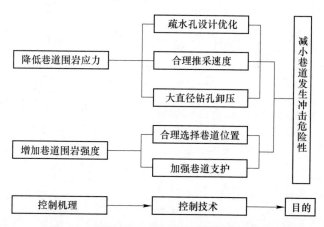

图 6-1 深部富水工作面冲击地压防治对策

降低巷道围岩应力 σ。根据 3.3 节和 3.4 节研究可知，不考虑构造应力影响下，影响深部富水工作面巷道围岩应力 σ 的主要影响因素为自重应力 γh、工作面超前支承应力（掘进工作面超前支承压力 $\chi\gamma h$ 和回采工作面超前支承压力 $\vartheta\gamma h$）、疏水产生的集中应力 $\zeta\gamma h$。其中第一个影响因素自重应力很难改变，主要为后两者，分别为降低疏水产生的集中应力和降低工作面超前支承应力。

（1）降低疏水产生集中应力的主要措施为疏水孔设计优化，根据 3.2.4 节可知，富水区疏水过程中疏水产生的集中应力是不断的动态变化，通过疏水孔优化设计减小集中应力相互影响和减少应力集中范围。

（2）降低工作面超前支承应力主要为降低推采速度，实践表明，工作面推采速度越快，工作面超前支承压力增幅越大。

（3）转移巷道围岩应力，通过采取大直径钻孔卸压措施，释放煤体积聚能量，促使巷道浅部煤体的高应力向深部转移。

增强巷道围岩强度 σ_w 不仅与围岩本身强度有关，还与巷道支护强度有关。巷道围岩强度越大，支护强度越高，巷道发生破坏所需的应力就越大，越不容易发生冲击。

6.1.1 疏水孔设计优化

疏水孔的设计主要包括疏水孔的位置选择和疏水孔间距确定。

6.1.1.1 疏水孔位置的选择

根据3.2.4节可知，施工疏水孔后，随着疏水影响范围的不断向外扩展，富水区岩层和煤层顶板垂直应力影响范围和应力峰值位置不断向外移动，当疏水影响范围扩展到 R_{max} 时，此时，富水区岩层和顶板垂直应力的峰值将停止向外运动。

根据3.3节深部富水掘进工作面顶板疏水诱发冲击地压机理为：顶板疏水引起富水区岩层物理力学性质损伤导致煤体局部应力集中，该集中应力随着疏水影响范围扩展向外移动，当其与自重应力、掘进工作面超前支承压力等集中应力叠加总和超过冲击地压的临界应力时，掘进工作面易发生冲击。为避免疏水引起集中应力和超前支承压力产生叠加，疏水孔位置应滞后迎头距离 L 大于疏水影响最大范围 R_{max}，如图6-2所示。

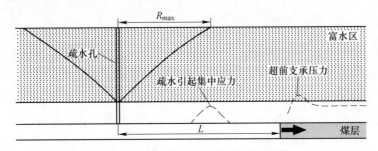

图6-2 掘进工作面疏水孔位置的选择

6.1.1.2 疏水孔间距的确定

根据3.2.3节可知，疏水过程中富水区岩层物理力学性质出现不均匀损伤，导致损伤区边缘富水区岩层顶板和损伤区边缘下方煤体顶板的应力出现升高，因此，疏水孔间距 $U_1 < 2R_{max}$，从而减少应力集中范围，如图6-3所示。

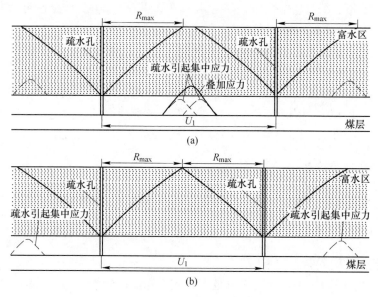

图6-3　疏水孔间距

（a）产生相互影响；（b）不产生相互影响

由图6-3（a）可知，当疏水孔之间间距 $U_1 > 2R_{max}$ 时，疏水影响范围边缘之间产生应力叠加，造成应力集中，将产生三个应力集中区域；当疏水孔之间间距 $U_1 < 2R_{max}$ 时，受疏水影响仅在疏水影响范围边缘产生集中应力，如图6-3（b）所示。

综合上述可知，为避免疏水产生的集中应力与其他集中应力叠加和减少冲击危险范围，疏水孔应滞后掘进工作面距离 $L > R_{max}$，疏水孔之间间距为 $U_1 < 2R_{max}$。

6.1.2　合理推采速度的确定

理论和实践表明，推采速度对工作面围岩应力重新分布具有重要影响，随着推采速度的增加，一方面对上覆顶板和采场围岩带来扰动强度增加，另一方面使得采空区顶板来不及垮落，易出现大面积悬顶现象，一旦出现大面积垮断容易诱发冲击地压。因此，工作面推采速度对工作面煤体应力具有重要影响。

为研究推采速度与微震频次和能量的关系，以2-2$_\perp$201工作面为例，分析了该工作面回采过程中不同推进速度与微震每天总能量和频次的对应关系，如图6-4所示。由图可知，随着推进速度的增加，单天微震事件总能量和频次也逐渐增加，当推进速度分别为0~2m/d、2~3m/d、3~4m/d、4~5m/d、5~6m/d、6~7m/d、7~8m/d和>8m/d时,对应的微震事件单天总能量分别为 2.47×10^4J、4.83×10^4J、4.38×10^4J、

$6.91×10^4$J、$7.99×10^4$J、$1.16×10^5$J、$1.39×10^5$J 和 $1.34×10^5$J,对应的微震频次分别为 47、56、55、66、64、69、80 和 87。从图中可知,推采速度越大,工作面释放的能量越多。因此,降低推采速度有利于减小工作面发生冲击地压可能。

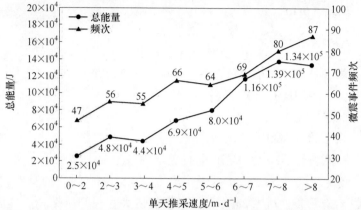

图 6-4 $2-2_{上}$ 201 工作面回采过程中微震能量、频次与推采速度关系

为保证工作面的安全和回采效率,根据相邻矿井回采经验,微震事件单天总能量控制在 10^5J 以下,因此,石拉乌素煤矿的合理推采速度为 5.5~6.5m/d。当工作面回采至特征阶段(初次来压、见方)和应力异常区域(疏水影响边界、煤柱、断层、陷落柱)时,适当降低推采速度,回采至低应力区域,如疏水区下方,可加快推进速度。

6.1.3 大直径钻孔卸压参数的确定

大直径钻孔卸压被广泛应用于冲击地压防治。大直径钻孔卸压防冲机理为:在具有冲击危险的煤体中,施工大直径卸压钻孔降低或转移煤体高应力,同时,能够降低煤体冲击倾向性,从而达到消除冲击危险性,如图 6-5 所示。

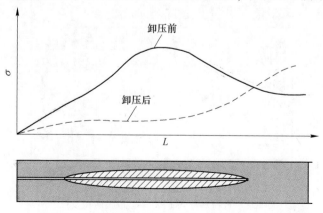

图 6-5 大直径卸压钻孔对煤体应力影响示意图

在实际应用过程中，部分矿井曾出现实施大直径卸压钻孔后仍发生冲击地压，在实施过程中诱发冲击地压等现象，产生这些问题的根本原因是技术参数选择不当。作者课题组在实际应用过程中，已有确定大直径卸压钻孔间距 L_D 的方法[140,141]，见式（6-1）。

$$L_D \leqslant \frac{c\pi D^2}{4m\Delta\varepsilon} \tag{6-1}$$

式中 c——塌孔系数，即单个钻孔实际排粉质量与理论排粉质量之比；

D——大直径卸压孔直径，m；

m——煤层厚度，m；

$\Delta\varepsilon$——煤层的有效卸压应变率，‰。

以石拉乌素煤矿 2-2$_{上}$ 201A 工作面煤层和大直径钻孔条件，塌孔系数 $c=$ 1.77，钻孔直接 $D=0.11$m，该矿区煤层厚度 $m=5.6$m，煤层的有效卸压应变率 $\Delta\varepsilon=1.5$‰，计算可得，$L_D\leqslant2$m。石拉乌素煤矿大直径卸压钻孔及挂牌如图 6-6 所示。

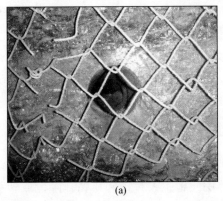

(a)

(b)

图 6-6   石拉乌素煤矿大直径卸压钻孔及挂牌

（a）大直径卸压钻孔；（b）大直径卸压孔管理牌板

6.1.4　合理选择巷道位置

合理的巷道位置对于避免巷道应力集中，防治冲击地压具有重要的关系。据统计，大多数的冲击地压事故都是由巷道位置选择不合理造成的，不正确的巷道布置一旦确定，很难改变，只能采取局部措施。因此，合理的巷道位置选择是冲击地压防治的根本措施。

合理的选择巷道主要是指巷道应布置在低应力区和围岩强度较高的岩层中。以石拉乌素煤矿 2-2$_上$ 201A 工作面为例，该工作面地质构造简单，初始应力简单，因此，顺槽的合理位置主要考虑围岩强度。2-2$_上$ 煤层底板岩层分别为 2.5m 厚的砂质泥岩和 11.2m 的细砂岩（见表 3-1），2-2$_上$ 煤层单轴抗压强度为 17.6MPa，考虑到工作面富水，且底板为砂质泥岩，为避免砂质泥岩和水接触，通过将留设小于1m 厚度的底煤，隔绝砂质泥岩和水的接触，防止底板砂质泥岩遇水软化出现底鼓，巷道布置位置如图 6-7 所示。

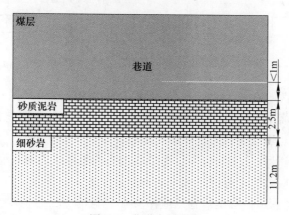

图 6-7　巷道布置位置

6.1.5　加强巷道支护

巷道支护分为基本支护和超前支护。

（1）基本支护是指工作面顺槽常规区域的支护。该区域巷道支护的原则为"主动支护稳固围岩、被动支护防护空间"。主要支护方式为锚网索，通过打设锚索方式，发挥挤压、悬吊作用，防止顶板滑移和离层，从而加强顶板支护；对巷道打设锚杆，发挥锚杆的围岩强化、抗剪和约束作用，从而加强帮部支护。

（2）超前支护是指工作面超前段的巷道支护，受工作面采动影响，该区域应力集中程度较高，易发生冲击地压，该区域支护的原则为"足够距离、足够强度、实顶实底、框架结构"。超前巷道支护范围可以根据工作面超前支承压力监测结果确定。

6.2　陕蒙接壤矿区深部富水 2-2_上 201A 工作面冲击地压防治应用

掘进前，工作面受周边采掘、自身地质条件的影响存在一个初始应力场，该应力场的变化一般很难改变。根据深部富水工作面采掘施工顺序：掘进—施工疏水孔—回采前—回采过程中。结合成熟矿井冲击地压防治技术体系，深部富水工作面冲击地压防治技术流程如图 6-8 所示。

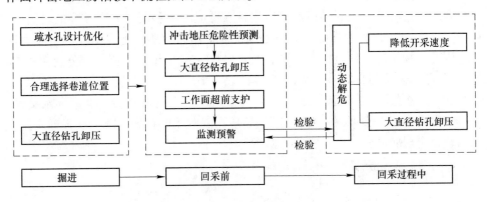

图 6-8　深部富水工作面冲击地压防治技术流程

（1）掘进。对于深部富水工作面来讲，为避免工作面回采过程中出现突水事故，掘进期间需施工疏水孔，因此，掘进期间的防冲技术措施为：疏水孔设计优化、合理选择巷道位置和大直径钻孔卸压。

1）疏水孔设计优化主要包含避免疏水产生的集中应力与其他集中应力叠加，减小因疏水产生应力集中范围。

2）合理选择巷道位置是指巷道应布置在"低应力，高强度"区域，低应力是指巷道应尽量布置在低应力区，避免巷道布置在应力集中区，造成巷道围岩的高应力，如巷道应远离断层、煤柱、褶曲、采空区等诱发应力集中区域；高强度是指巷道应布置在强度较高、完整性较好的煤岩中，从而提高巷道围岩强度。

3）当掘进工作面存在冲击危险区域时，提前施工大直径钻孔卸压，释放煤体积聚的能量，解除冲击危险。

（2）工作面回采（回采期间和末采阶段）。经过我国学者的努力，我国已经形成了成熟的冲击地压防治技术体系："1）回采前工作面冲击危险性预测→2）预卸压→3）支护→4）监测预警→5）检验→6）解危→7）检验→8）监测"。

1）回采前工作面进行冲击危险性预测，划分冲击危险范围和确定冲击危险等级。

2）根据预测的冲击危险范围和危险程度进行预卸压处理，降低冲击危险区域发生冲击的可能性。

3）根据支承压力分布规律，确定工作面超前支护范围和支护形式。

4）最后安装应力在线和微震监测设备。

5）当工作面出现预警时，需进行钻屑法检验，确定是否存在冲击危险性。

6）若煤粉量超标，采取降低推采速度和大直径钻孔卸压进行动态解危，否则，继续监测。

7）解危后，采用钻屑法检验冲击危险是否解除。

8）若不超标，正常回采和监测，否则继续进行卸压。

6.2.1　2-2_上 201A 工作面概况

石拉乌素煤矿设计年产量为 1000 万吨。2-2_上 201A 为该矿 222 采区第二个工作面，工作面倾向长度为 300m，走向长度为 693m，工作面埋深为 659~712m，平均采深为 684m，地表平均标高为 1363m，东部为 222 采区 2-2_上 201 首采工作面采空区，西部为实体煤，根据水文地质资料，2-2_上 201A 存在 4 个富水区域，如图 6-9 所示。该工作面主采 2-2_上 煤层，平均厚度 5.6m，平均倾角 1°，地质构

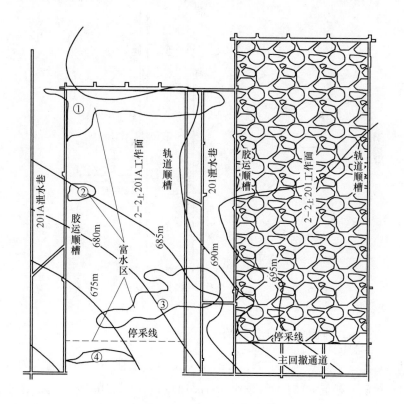

图 6-9　2-2_上 201A 工作面平面图与富水区

造相对简单。根据煤岩冲击倾向性鉴定结果，平均单轴抗压强度为 $\sigma_c =$ 17.6MPa，平均冲击能指数 $K_E = 2.03$，平均动态破坏时间 $D_T = 87$ms，平均弹性能指数 $W_{ET} = 12.31$，具有强冲击倾向性。石拉乌素煤矿综合岩层分布特征见表 3-1。

6.2.2　掘进期间工作面冲击地压防治应用

6.2.2.1　疏水孔位置和间距

2-2$_{上}$201A 工作面富水区为无补给源，根据式（3-42）可知，疏水最大影响范围 R_{max} 为疏水孔与富水区边缘距离 l。以 2-2$_{上}$201A 工作面③号富水区见图 6-9 为例，当 2-2$_{上}$201A 工作面轨道顺槽掘进至③号富水区边缘时，在③号富水区边缘时施工疏水孔，从而避免疏水产生的集中应力与超前支承压力叠加诱发掘进工作面冲击，与此同时，疏水孔均匀布置，避免疏水不均匀造成富水区岩层不均匀损伤产生应力集中，如图 6-10 所示。

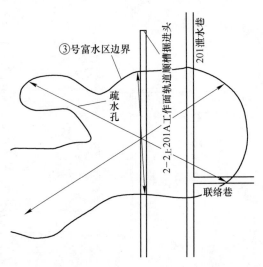

图 6-10　2-2$_{上}$201A 工作面③号富水区疏水孔布置

6.2.2.2　工作面顺槽位置的确定

根据 6.1.2 节分析可知，2-2$_{上}$201A 工作面底板存在砂质泥岩，为避免砂质泥岩和水接触，轨道顺槽应留设小于 1m 厚度的底煤，隔绝砂质泥岩和水的接触，防止底板砂质泥岩遇水软化出现底鼓，顺槽布置如图 6-7 所示。

6.2.2.3　掘进工作面冲击危险性监测

掘进工作面冲击危险性监测主要采用钻屑法，监测位置为掘进迎头和掘进巷道两帮。

A　掘进迎头监测

工作面掘进期间，利用钻屑法对迎头进行监测，迎头布置 2 个钻屑孔，孔间距 1~2m，孔径 42mm，孔深 15m。

B　巷帮监测

迎头后方 10~100m 范围进行钻屑量监测，孔间距 10~15m，孔径 42mm，孔深 15m，监测频次根据掘进工作面冲击危险性评价结果确定。

当钻屑量监测过程中出现钻屑量超标、吸钻、卡钻、钻粉颗粒度大于 3mm 的超过 30% 的情况认为掘进工作面存在冲击危险。

6.2.2.4　掘进工作面冲击地压防治

当掘进工作面监测到冲击危险后，需在迎头和巷道两帮进行卸压。

A　迎头卸压

在掘进工作面迎头施工 2~3 个大直径卸压钻孔，孔径为 100~120mm，孔深不小于 30m，孔间距 1.0m，每掘进 20m 循环施工，需保证有 5m 的安全卸压区。

B　两帮卸压

巷道两帮每隔 5m 各打一个直径为 100~120mm 卸压钻孔，孔深不小于 15m，布置在距巷道底板不小于 0.5m 的位置，两帮卸压钻孔距迎头最大距离不得超过 7m。

6.2.3　回采期间工作面冲击地压防治应用

6.2.3.1　2-2_上 201A 工作面冲击危险性预测

根据第 4 章的研究成果，基于应力叠加冲击危险性预测方法预测 2-2_上 201A 工作面回采过程中的冲击地压危险区域。预测结果见表 6-1 和图 6-11。

2-2_上 201A 轨道顺槽、胶运顺槽和工作面划分为 15 个冲击危险区域，其中中等危险区域 3 个，弱冲击危险区域 12 个。

表 6-1 2-2$_上$201A 工作面冲击危险区域划分

	离开切眼距离/m		影响因素	冲击地压危险程度
轨道顺槽	1 号	67~107	深部、构造、富水区疏水	弱冲击
	2 号	291~309	深部、第一次见方	弱冲击
	3 号	450~490	深部、富水区疏水	弱冲击
	4 号	593~609	深部、第二次见方、富水区疏水	中等冲击
	5 号	609~632	深部、第二次见方、富水区疏水	弱冲击
胶运顺槽	6 号	27~38	埋深、富水区疏水	弱冲击
	7 号	38~42	深部、初次来压、富水区疏水	中等冲击
	8 号	42~141	埋深、富水区疏水	弱冲击
	9 号	260~291	埋深、富水区疏水	弱冲击
	10 号	291~309	深部、第一次见方、富水区疏水	中等冲击
	11 号	591~609	深部、第二次见方	弱冲击
工作面内	12 号	工作面内	①富水区靠开切眼侧	弱冲击
	13 号	工作面内	①富水区靠停采线侧	弱冲击
	14 号	工作面内	②富水区周边	弱冲击
	15 号	工作面内	③富水区靠开切眼侧	弱冲击

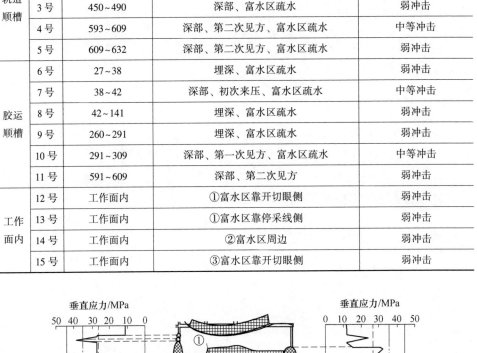

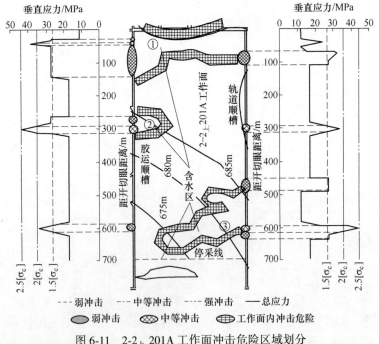

图 6-11 2-2$_上$201A 工作面冲击危险区域划分

6.2.3.2 2-2_上 201A 工作面大直径钻孔预卸压

2-2_上 201A 工作面回采前需进行预卸压处理：弱冲击危险区域施工孔深 20m，孔径 110mm，孔间距 2m，靠工作面内侧帮卸压；中等冲击危险区域，施工孔深 20m，孔径 110mm，孔间距 1.5m，靠工作面内帮卸压（见表 6-2）。

表 6-2 大直径钻孔预卸压参数对应表

区 域	孔径/mm	孔深/m	孔间距/m
弱冲击危险区	110	20	2
中等冲击危险区	110	20	1.5

6.2.3.3 2-2_上 201A 工作面超前支护

根据相邻 2-2_上 201 工作面回采规律，工作面（见 3.1.3 节）超前影响范围为 100m，剧烈影响范围为 20~50m。因此，2-2_上 201A 工作面超前 50m 范围内采用 7 组 ZCZ13000/26/45 型巷道支架进行支护，如图 6-12 所示。50~100m 范围内采用 ZCZ3600/24/50 墩柱，墩柱间距不大于 5m，确保顺槽支架及墩柱支护总距离不小于 100m。

图 6-12 巷道超前支护

6.2.3.4 2-2_上 201A 工作面冲击地压监测预警

相比工作面回采前的冲击地压危险性预测，回采过程中工作面冲击地压监测预警是冲击地压动态防治的重要一环，其能实时动态的反映冲击危险性，是动态实施解危措施的依据，是避免冲击地压发生的重要技术途径。因此，工作面回采前需建立冲击地压实时监测预警技术体系，从而实现动态的预测工作面冲击危险性，为冲击地压的动态防治提供依据。

当前，冲击地压的监测方法主要包括震动监测（矿震、微震、地音）、电磁监测、钻屑监测、应力监测。根据深部富水工作面冲击地压发生机理，本书提出"应力-微震"为主，同时配合电磁、现场钻屑等多种监测技术的冲击地压监测预警体系。应力监测可以监测工作面疏水、回采过程中局部煤体的应力状态，预测冲击危险性。微震监测用于监测上覆岩层的破裂规律，预测坚硬顶板断裂时间与强度，预测工作面冲击危险性。同时，配合钻屑法或电磁监测等监测技术，实现多参量验证。

A　应力和微震监测系统布置

图 6-13 所示为 2-2$_\text{上}$201A 工作面应力计和微震检波器布置示意图。应力监测系统布置为在工作面前方每间隔 25m 布置 1 个测站，每个测站布置 2 个测点，深孔测点 15m，浅孔 9m，随工作面推进，及时拆卸前移，保证监测范围为 200～250m；微震检波器布置方式为检波器对监测区域成三维的包围，避免布置在一条直线或一个平面，避免布置在地质构造复杂区域（断层，陷落柱）。

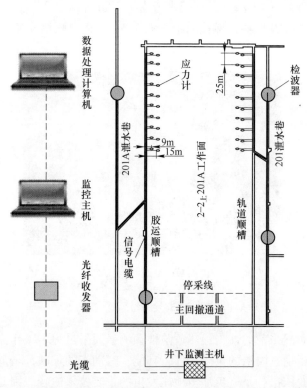

图 6-13　石拉乌素煤矿 2-2$_\text{上}$201A 工作面应力计和微震检波器布置示意图

2-2$_\text{上}$201A 工作面应力在线预警值见表 6-3，浅孔黄色预警值为 8MPa，红色预警值为 10MPa，深孔黄色预警值为 10MPa，红色预警值为 12MPa。

表 6-3　2-2$_上$ 201A 工作面应力在线预警值

项　目	黄色预警值/MPa	红色预警值/MPa
浅孔	8	10
深孔	10	12

2-2$_上$ 201A 工作面微震预警方法以每天微震事件发生的频次、能量及分布特征，根据微震特征变化规律进行预警。根据现有研究结果，微震法预测冲击危险的一般规律有：

（1）微震事件能量和频次为 2~3 天，且维持在较高水平，可判定为中等或强冲击地压危险。

（2）微震事件能量越高，发生冲击地压的可能性越大，一般认为，微震事件能量超过 10^4J，低于 10^5J，为弱冲击危险；超过 10^5J，低于 10^6J 为中等冲击危险；超过 10^6J 为强冲击危险。

B　钻屑法监测

钻屑法是冲击地压监测的重要手段之一，在冲击地压矿井监测早期得到普遍应用。该方法具有准确、可靠的优点，同时也存在工作量大、危险性大等缺点，因此，该方法主要用于冲击危险性检验。

根据相关规定以及现场的可操作性，确定 2-2$_上$ 201A 工作面钻屑煤粉指标见表 6-4，孔深 1~7m 范围临界煤粉量为 3.44kg/m，孔深 8~15m 范围临界煤粉量为 5.08kg/m。

表 6-4　2-2$_上$ 201A 工作面临界煤粉量

孔深/m	1~7	8~15
临界煤粉量/kg·m^{-1}	3.44	5.08

6.2.3.5　2-2$_上$ 201A 工作面冲击地压矿压显现

3 号富水区附近应力计安装位置与 3 号富水区边缘的位置关系如图 3-33 所示，总共布置了 10 组，组间距为 25m，每组包含 2 个孔深分别为 9m 和 15m 的应力计，1~2 号和 17~20 号位于在富水区外，3~6 号和 13~16 号位于在富水区边缘，7~12 号位于在富水区内。

当 2-2$_上$ 201A 工作面回采至富水区边缘时，工作面煤壁和巷道煤壁片帮，1 号、2 号、3 号、5 号和 6 号应力计连续出现红色预警（见表 3-3），根据现场钻屑量监测，出现钻屑量超标和卡钻现象。为降低巷道发生冲击危险，通过降低工作面推采速度，减小回采对工作面前方煤体的影响，与此同时，施工孔径120mm，孔深20m，孔间距为1m的大直径卸压孔，释放煤体应力，促使高应力向深部转移，通过采用上述措施，应力计应力出现降低，钻屑量检验没有超标，工作面顺利推进至3号富水区内。

工作面进入富水区后，富水区内正下方7~12号应力计未出现预警，当工作面出富水区时，富水区边缘的13~16号和富水区外的17~20号应力计出现不同程度的预警，通过降低推采速度和施工大直径卸压钻孔卸压，工作面顺利的回采至停采线附近。

表3-3所列为3号富水区附近10组应力测点的增量，通过统计分析，工作面回采至富水区边缘、富水区外和富水区内测点的平均应力增量分别为9.91MPa、8.33MPa和2.12MPa，应力增幅从大到小依次为：富水区边缘>富水区外>富水区下方。根据应力监测结果表明，疏水以后，富水区域形成了不均匀的应力分布，在富水区边缘易产生应力集中，该区域是冲击地压的防治的重点。

综合现场应力监测和动力显现结果表明：$2\text{-}2_\perp201\text{A}$工作面发生冲击危险程度从大到小依次为：富水区边缘>富水区外>富水区下方。工作面回采至富水区边缘、富水区外和富水区内测点的平均应力增量分别为9.91MPa、8.33MPa和2.12MPa。

6.2.4 末采期间工作面冲击地压防治应用

$2\text{-}2_\perp201\text{A}$工作面宽度为300m，采深为684m，属于深部重型工作面，根据5.3节研究结果，陕蒙接壤矿区重型工作面采深超过465m后，末采阶段将存在冲击地压危险。鉴于此，本节将采用5.4节提出的长距离多联巷快速回撤方法对深部重型$2\text{-}2_\perp201\text{A}$工作面进行快速回撤应用。

6.2.4.1 长距离多通道相关参数确定

A 基于防冲主回撤通道位置的确定

图6-14所示为微震事件"固定"工作面投影，从图中可知，$2\text{-}2_\perp201\text{A}$回采工作面超前影响范围为80m。为便于施工，与$2\text{-}2_\perp201$工作面主回撤通道对齐，最后取主回撤通道距停采线距离l为81m。

B ˙基于防冲联络巷间距的确定

当前，$2\text{-}2_\perp201\text{A}$工作面平均埋深为684m，覆岩平均容重为$25\text{kN/m}^3$，在自

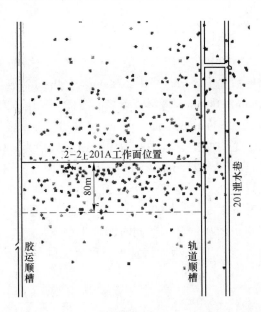

图 6-14　2-2上201A 回采期间微震事件"固定"工作面投影

重应力作用下，煤体所受上覆岩层的应力为 $\sigma_z = 17.1\mathrm{MPa}$，工作面应力集中系数取 $k=2$，煤体单轴抗压强度 $\sigma_c = 17.6\mathrm{MPa}$，煤体三向应力状态下抗压系数 $N_{max} \approx 3$，煤体边缘 $N_{min} \approx 1$，为防止联络巷发生冲击，一般提前在联络巷两帮分别施工大直径卸压钻孔，长度为 20m，则 $m=20\mathrm{m}$，将上述参数代入式（5-9）可得联络巷之间最小宽度 $d=75.69\mathrm{m}$。

当前工作面宽度为 300m，最多能施工 3 条联络巷，考虑回撤设备数量和组织人员水平，决定施工 2 条联络巷，巷道中心间距为 100m。

C　长距离多联巷快速回撤系统的形成

在工作面距停采线 300m 时，提前在停采线外侧 81m 位置，沿煤壁开掘一条与停采线基本平行的主回撤通道，与此同时，在停采线与主回撤通道之间施工两条件间距为 100m 的联络巷，如图 6-15 所示。

从图 6-15 可知，工作面向回撤通道推进过程中，联络巷部分区域受支承压力的影响将存在高应力区，为避免联络巷出现变形发生破坏，需对联络巷进行加强支护。

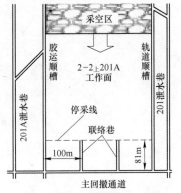

图 6-15　2-2上201A 工作面末采阶段快速回撤通道设计

6.2.4.2 2-2上201A 工作面联络巷支护

图 6-16 所示为 2-2上201A 工作面联络巷支护图，联络巷顶板锚杆间排距为 700mm×900mm，锚杆数量为 8 根，采用 $\phi22mm×2500mm$ 高强度螺纹钢锚杆；帮部锚杆间排距为 800mm×800mm，每帮布置 5 根锚杆，采用 $\phi20mm×2200mm$ 全螺纹锚杆，锚杆托盘采用 150mm×150mm×12mm 规格的拱形钢板托盘。顶锚索间排距 1400mm×1600mm，总共 3 根，其中巷道中线锚索规格为 $\phi21.6mm×10300mm$，与其相邻 2 根锚索的规格为 $\phi21.6mm×8000mm$。巷道两帮分别布置 2 根锚索，其中距顶板 500mm 位置打第一根锚索，距底板 1300 位置打第二根锚索，锚索排距：1600mm，规格为 $\phi21.6mm×5000mm$ 的加强锚索。网片采用 10 号铁丝编制的菱形网，网格为 50mm×50mm。顶部同时配以 T 型钢带加以支护。

联络巷混凝土底板施工时底板保持水平，混凝土强度等级为 C30，混凝土底板厚度 300mm。

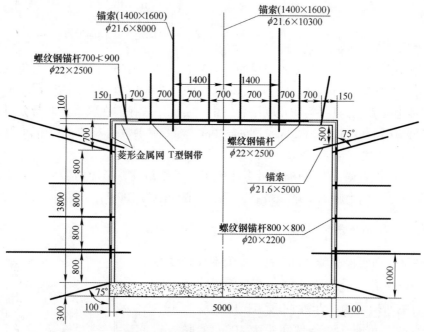

图 6-16 联络巷支护（单位：mm）

6.2.4.3 末采阶段防冲技术

A 末采阶段冲击危险性预测

根据第四章基于应力叠加深部富水工作面冲击危险性预测方法，2-2上201A

工作面末采阶段冲击危险区域如图 6-17 所示。工作面离停采线前方 0~35m 范围为中等冲击危险区域，35~81m 为弱冲击危险区域。

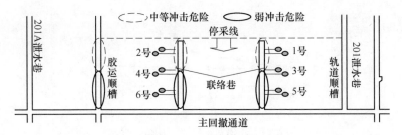

图 6-17　2-2$_{上}$ 201A 工作面末采期间冲击危险区划分和应力计布置图

B　大直径钻孔预卸压

在工作面未接近停采线一定距离前，提前施工大直径卸压钻孔，中等冲击危险区域卸压参数为：孔径为 110mm，孔距为 1.5m，孔深为 20m；弱冲击危险区域卸压参数为：孔径为 110mm，孔距为 2m，孔深为 20m。

C　应力监测系统

在工作面距停采线 100m 时，提前在联络巷布置应力测点，总共布置 6 组，每组布置深、浅两个测点，应力传感器埋置深度分别为 15m 和 9m，如图 6-17 所示。各组测点距开切眼距离见表 6-5。

表 6-5　联络巷应力计布置位置

编号	离开切眼距离/m	离停采线距离/m	编号	离开切眼距离/m	离停采线距离/m
1 号	713	20	4 号	740	47
2 号	715	22	5 号	758	65
3 号	738	45	6 号	760	67

D　现场应用效果

从 11 月 27 日开始，1 号测点浅孔（孔深 9m）应力计开始升高，此时工作面距 1 号测点 50.54m，12 月 5 日，浅孔应力计出现黄色预警，此时工作面距 1 号测点 28m，12 月 6 日出现红色预警，且应力在不断往上升高，此时工作面距 1 号测点 26m，在 12 月 9 日，1 号浅孔应力最大，此时，工作面距 1 号测点 19m，如图 6-18 所示。

当工作面 12 月 5 日出现黄色预警时，对该应力测点周边煤体进行钻屑量监测，发现钻屑量超标，并且出现吸钻现象，表明巷道存在冲击地压危险，为避免

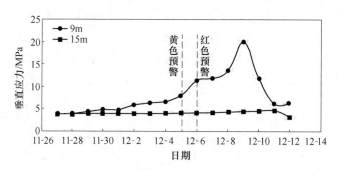

图 6-18　联络巷 1 号应力计变化曲线

联络巷发生冲击，对应力测点附近 30m 区域施工施工孔径 120mm，孔深 20m，孔间距 1m 的大直径钻孔卸压，直至 12 月 11 日，应力出现降低，解除冲击危险。

2-2$_\text{上}$ 201A 工作面撤架总共花费 30 天，与常规深井造条件相比，在相同人员设备管理条件下，回撤所需约 50 天，减少约 20 天回撤时间，安全和经济效益明显。

6.3　本章小结

在陕蒙接壤矿区深部富水工作面冲击地压发生机理的基础上，研究了深部富水工作面冲击地压防治技术，并应用于石拉乌素煤矿 2-2$_\text{上}$ 201A 工作面掘进、回采和末采期间冲击地压防治，实现了工作面的安全回采。

（1）深部富水工作面冲击地压防治思路为：降低巷道围岩应力 σ 和增加巷道围岩强度 σ_w。防冲对策主要包括疏水孔设计优化、大直径钻孔卸压、合理推采速度、合理选择巷道位置、加强巷道支护等。

（2）根据富水区疏水过程中煤体应力演化规律，提出疏水孔布置方法：

1）合理确定疏水孔位置，疏水孔位置应滞后迎头距离 $L>R_\text{max}$，从而避免掘进工作面超前支承压力与疏水产生的集中应力产生叠加。

2）合理确定疏水孔间距，疏水孔间距 $U_1<2R_\text{max}$，避免疏水孔设计不合理增加应力集中区域。

（3）工作面回采至富水区边缘时，工作面和巷道出现片帮和煤炮等动力现象，现场钻屑量检验出现超标和卡钻现象，通过降低开采速度、大直径卸压钻孔卸压实现了工作面的安全回采。现场应力监测结果表明：工作面回采至富水区边缘、富水区外和富水区内测点的平均应力增量分别为 9.91MPa、8.33MPa 和 2.12MPa，应力增幅从大到小依次为：富水区边缘>富水区外>富水区下方。

7 结 论

7.1 主要结论

　　针对陕蒙接壤矿区深部富水工作面过富水区时矿压显现强烈和末采阶段回撤通道易出现底鼓、冒顶、片帮、压架和冲击等现象，采用案例调研、理论分析、力学实验、数值分析、工程类比、现场实测等方法，研究了陕蒙接壤矿区深部富水工作面冲击地压发生机理与防治技术，并在石拉乌素煤矿 2-2$_\text{上}$ 201A 工作面进行应用，得到以下主要结论：

　　(1) 根据陕蒙接壤深部矿井地层特征和开采条件，建立了非充分采动条件下工作面侧向支承压力和走向支承压力估算模型，研究了不同运动状态岩层组的载荷传递机制，基于微震实测数据确定岩层断裂角、触矸角和破裂范围相关参数，揭示了非充分采动下陕蒙接壤矿区深部工作面支承压力分布规律。为研究工作面冲击地压发生机理、确定超前支护范围和主回撤通道的位置提供理论依据。

　　(2) 研究了顶板水运动规律，顶板疏水对富水区岩层物理力学性质的影响，富水区岩层损伤对原岩应力分布的影响，以及富水区疏水过程中富水区岩层和煤层应力的演化规律，揭示了深部富水掘进和回采工作面顶板疏水诱发冲击地压机理：

　　1) 深部富水掘进工作面顶板疏水诱发冲击地压机理为：顶板疏水引起富水区岩层物理力学性质损伤导致煤体局部应力集中，该集中应力随着疏水影响范围扩展向外移动，当其与自重应力、掘进工作面超前支承压力等集中应力叠加总和超过冲击地压的临界应力时，掘进工作面易发生冲击。

　　2) 深部富水回采工作面顶板疏水诱发冲击地压机理为：当富水区疏水诱发的集中应力与自重应力、回采工作面超前支承压力等集中应力叠加总和超过冲击地压的临界应力时，回采工作面易发生冲击。工作面回采过程中，易发生冲击位置从大到小依次为：富水区边缘>富水区外>富水区下方。现场应力监测结果表明：工作面回采至富水区边缘、富水区外和富水区内测点的平均应力增量分别为9.91MPa、8.33MPa 和 2.12MPa，应力增幅从大到小依次为：富水区边缘>富水区外>富水区下方。

　　(3) 提出了基于应力叠加深部富水工作面冲击危险性预测方法。建立诱发冲击地压因素应力增量函数估算模型，借助工程经验、理论研究及现场实测等方法，估算了采动、构造和疏水等诱发冲击地压因素应力增量函数，并在自重应力函数的基础之上叠加各个诱发冲击地压影响因素产生的应力增量估算函数，获得煤体应力函数，根据临界指标划分冲击危险区域和危险程度。将该方法应用于深部富水 2-2$_上$ 201 工作面，并与现有综合指数法和可能性指数法对比，表明该方法能够量化冲击危险性预测结果。现场矿压显现表明，基于应力叠加深部富水工作面冲击危险性预测结果符合现场情况。

（4）针对陕蒙接壤矿区浅部重型综采面采深超过 300m 后，单（双）通道快速回撤方法存在底鼓、冒顶、片帮等问题。研究了不同采深条件下巷道围岩和巷道变形规律，根据该地区的煤岩强度，基于围岩失稳和围岩变形可控的原则，单（双）通道快速回撤方法临界深度为 272～322m；基于防冲，陕蒙接壤矿区单（双）通道快速回撤方法发生冲击的临界深度为 465m。综合考虑防冲、防灭火、经济高效等原则，提出了深部重型综采工作面长距离多联巷快速回撤方法，该方法把撤架期间防冲作为主要因素，通过研究超前支承压力分布特征，将主回撤通道布置在支承压力峰值影响范围以外，用多条联络巷与主回撤通道连通，且联络巷提前预掘，待工作面推进到停采线位置处与工作面煤壁沟通，从而实行多头并行作业，实现工作面快速回撤。此方法的显著优势在于：1）主回撤通道位于支承压力峰值影响以外，有利于围岩稳定；2）工作面推透联络巷时，片帮、冒顶和冲击危险区域缩小，易于实现灾害控制。研究成果应用于采深近 700m 的 2-2$_上$ 201 重型综采工作面，与常规造条件撤架技术相比，减少了约 18 天的回撤时间，取得了良好的安全和经济效益。

（5）陕蒙接壤矿区深部富水工作面冲击地压防治对策主要包括：疏水孔设计优化、大直径钻孔卸压、合理推采速度、合理选择巷道位置、加强巷道支护等。疏水孔布置方法：1）疏水孔位置应滞后迎头距离 $L > R_{max}$；2）疏水孔间距 $U_1 < 2R_{max}$。

7.2　创新点

（1）基于微震实测数据确定岩层断裂角、触矸角和破裂范围，结合非充分采动条件下工作面支承压力估算模型，揭示了非充分采动下陕蒙接壤矿区深部工作面支承压力分布规律。为研究工作面冲击地压发生机理、确定超前支护范围和主回撤通道的位置提供理论依据。

（2）研究了顶板水运动规律，顶板疏水对富水区岩层物理力学性质的影响，富水区岩层损伤对原岩应力分布的影响，以及富水区疏水过程中富水区岩层和煤层应力的演化规律，揭示了陕蒙接壤矿区深部富水工作面顶板疏水诱发冲击地压机理。疏水引起富水区岩层物理力学性质不均质损伤导致煤层局部应力集中，当该集中应力与其他应力（自重应力、支承压力等）叠加总和超过发生冲击临界值时，易诱发冲击。

（3）提出了基于应力叠加深部富水工作面冲击危险性预测方法。建立诱发冲击地压因素应力增量函数估算模型，估算了采动、构造和疏水等诱发冲击地压因素应力增量函数，并在自重应力函数的基础之上叠加各个诱发冲击地压影响因素产生的应力增量估算函数，获得煤体应力，根据临界指标划分冲击危险区域和危险程度。与现有综合指数法和可能性指数法对比，表明该方法能够量化冲击危险性预测结果。

（4）根据该地区的煤岩强度，基于防冲，研究了陕蒙接壤矿区单（双）通道快速回撤方法发生冲击的临界深度为 465m。综合考虑防冲、防灭火、经济高效等原则，提出深部重型综采工作面长距离多联巷快速回撤方法，该方法把撤架期间防冲作为主要因素，通过研究超前支承压力分布特征，将主回撤通道布置在支承压力峰值影响范围以外，用多条联络巷与主回撤通道连通，且联络巷提前预掘，待工作面推进到停采线位置处与工作面煤壁沟通，从而实行多头并行作业，实现工作面快速回撤。

7.3 不足与展望

针对陕蒙接壤矿区深部富水工作面开采过程中存在明显的强矿压现象，对陕蒙接壤矿区深部富水工作面冲击地压发生机理与防治进行了有益的探索，提出了一些新观点、新技术和新方法，取得了一些初步研究成果，由于时间仓促和作者水平有限，针对文中涉及内容需要进一步深入研究的问题：

（1）陕蒙接壤矿区深部工作面具有以下地质特点：

1）煤层采深大于 550m；

2）煤层上部富含顶板承压水；

3）煤层具有强冲击倾向性；

4）煤层上部存在两组巨厚砂岩组。

本书仅研究了深部条件下富水工作面顶板疏水与冲击地压的关系，并未对巨厚砂岩组与冲击地压关系进行研究，主要原因为：

1）该地区砂岩强度变化差异很大，有些砂岩 20MPa，有些 60MPa，有待完善地质资料。

2）有关厚硬砂岩与冲击地压关系的研究，我国已有丰富的研究成果，无创新性。因此，该地区下一步的研究工作面为：在完善砂岩地质资料的基础上，开展"巨厚砂岩组—富水—深部"条件下工作面冲击危险性防治工作。

（2）应力增量函数的估算需根据工程经验、理论研究及现场实测等方法，确定诱发冲击地压因素影响范围 c 和应力增量系数 k，今后工作需进一步研究诱发冲击地压因素影响范围 c 和应力增量系数 k 的取值方法。

（3）砂岩试件的选取对水岩损伤实验的结果具有重要影响，本书仅选取了石拉乌素煤矿富水区砂岩。今后的研究工作面中需进一步研究水对不同物质组成成分砂岩的物理力学性质影响，从而更全面地揭示深部富水工作面顶板疏水诱发冲击地压机理。

参 考 文 献

[1] 徐敬民，朱卫兵，鞠金峰. 大柳塔煤矿综采工作面压架冒顶机理研究 [J]. 煤炭科学技术，2016，44（8）：109~115.

[2] Cook N G W, Hoek E, Pretorius J P G, et al. Rock mechanics applied to the study of rockbursts [J]. Journal of the South African Institute of Mining and Metallurgy, 1966, 66（10）: 436~528.

[3] Cook N G W. The failure of rock [J]. International Journal of Rock Mechanics and Mining Sciences & Geomechanics Abstract, 1965, 2（4）: 389~403.

[4] 苗小虎，姜福兴，王存文，等. 微地震监测揭示的矿震诱发冲击地压机理研究 [J]. 岩土工程学报，2011，33（6）：971~976.

[5] 舒凑先，姜福兴，魏全德，等. 疏水诱发深井巷道冲击地压机理及其防治 [J]. 采矿与安全工程学报，2018，35（4）：780~786.

[6] 窦林名，何学秋. 冲击矿压防治理论与技术 [M]. 徐州:中国矿业大学出版社，2001.

[7] 姜耀东，潘一山，姜福兴，等. 我国煤炭开采中的冲击地压机理和防治 [J]. 煤炭学报，2014，39（2）：205~213.

[8] 潘一山. 煤与瓦斯突出、冲击地压复合动力灾害一体化研究 [J]. 煤炭学报，2016，41（1）：105~112.

[9] 潘俊锋，连国明，齐庆新，等. 冲击危险性厚煤层综放开采冲击地压发生机理 [J]. 煤炭科学技术，2007，35（6）：87~90.

[10] Bieniawski Z T. Mechanism of brittle fracture rock：Part II—experimental studies [J]. International Journal of Rock Mechanics and Mining Sciences & Geomechanics Abstracts, 1967, 4（4）: 407~423.

[11] Singh S P. Technical note：Burst energy release index [J]. Rock Mechanics and Rock Engineering, 1988, 21（2）: 149~155.

[12] 姜福兴，冯宇，Kouame K J A，等. 高地应力特厚煤层"蠕变型"冲击机理研究 [J]. 岩土工程学报，2015，37（10）：1762~1768.

[13] Petr Koniceka, Kamil Souceka, Lubomir Stasa, et al. Long-hole destress blasting for rockburst control during deep underground coal mining [J]. International Journal of Rock Mechanics & Mining Sciences, 2013, 61（2013）: 141~153.

[14] Wang S Y, Lam K C, Au S K, et al. Analytical and numerical study on the pillar rockbursts mechanism [J]. Rock Mechanics and Rock Engineering, 2006, 39（4）: 446~467.

[15] Singh A K, Sing H R, Maiti J, et al. Assessment of mining induced stress development over coal pillars during depillaring [J]. Int. J. Rock Mech. Min. Sci. , 2011, 48（5）: 794~804.

[16] 潘立友，张若祥，孔繁鹏. 基于缺陷法孤岛工作面冲击地压防治技术研究 [J]. 煤炭科学技术，2013，41（6）：14~16.

[17] 赵春虎. 陕蒙煤炭开采对地下水环境系统扰动机理及评价研究 [D]. 北京:煤炭科学研究总院，2016.

[18] 吕涛，陈运，闫振斌. 蒙陕地区冲击地压防治策略探讨 [J]. 煤炭工程, 2018, 50 (6)：105~107.

[19] 姜耀东，赵毅鑫. 我国煤矿冲击地压的研究现状：机制、预警与控制 [J]. 岩石力学与工程学报, 2015, 34 (11)：2188~2204.

[20] 蓝航，陈东科，毛德兵. 我国煤矿深部开采现状及灾害防治分析 [J]. 煤炭科学技术, 2016, 44 (1)：39~44.

[21] 谢和平，彭瑞东，周宏伟，等. 基于断裂力学与损伤力学的岩石强度理论研究进展[J]. 自然科学进展, 2004, 14 (10)：7~13.

[22] 窦林名，赵从国，杨思光，等. 煤矿开采冲击矿压灾害防治 [M]. 徐州: 中国矿业大学出版社, 2006.

[23] Kidybinski A. Bursting liability indices of coal [J]. International Journal of Rock Mechanics and Mining Sciences & Geomechanics Abstract, 1981, 18 (4)：296~304.

[24] 中华人民共和国行业标准编写组. GB/T 25217—2010 煤的冲击倾向性分类及指数的测定方法 [S]. 北京: 中国标准出版社, 2010.

[25] 李玉生. 冲击地压机理及其初步应用 [J]. 中国矿业学院学报, 1985 (3)：42~48.

[26] 章梦涛. 冲击地压失稳理论与数值模拟计算 [J]. 岩石力学与工程学报, 1987, 6 (3)：197~204.

[27] 章梦涛. 我国冲击地压预测和防治 [J]. 辽宁工程技术大学学报, 2001, 20 (4)：434~435.

[28] 谢和平，鞠杨. 岩石力学中的分形研究 [C]. 科技进步与学科发展—"科学技术面向新世纪"学术年会论文集, 1998.

[29] Wang Jiong, Yan Yubiao, Jiang Zhengjun, et al. Mechanism of energy limit equilibrium of rock burst in coal mine [J]. Mining Science and Technology (China), 2011, 21 (2)：197~200.

[30] Procházka P P. Application of discrete element methods to fracture mechanics of rock bursts [J]. Engineering Fracture Mechanics, 2004, 71 (4)：601~618.

[31] Procházka P P. Rock bursts due to gas explosion in deep mines based on hexagonal and boundary elements [J]. Advances in Engineering Software, 2014, 72 (72)：57~65.

[32] 宋振骐，卢国志，彭林军，等. 煤矿冲击地压事故预测控制及其动力信息系统 [J]. 山东科技大学学报(自然科学版), 2006, 25 (4)：1~5.

[33] 潘立友，孙刘伟，范宗乾. 深部矿井构造区厚煤层冲击地压机理与应用 [J]. 煤炭科学技术, 2013, 41 (9)：126~129.

[34] 齐庆新，王永秀，毛德兵，等. 非坚硬顶板条件下高强度开采采动诱发冲击地压机理初探 [J]. 岩石力学与工程学报, 2005, 24 (S1)：5002~5006.

[35] 齐庆新，李晓璐，赵善坤. 煤矿冲击地压应力控制理论与实践 [J]. 煤炭科学技术, 2013, 41 (6)：1~5.

[36] 齐庆新，史元伟，刘天泉. 冲击地压粘滑失稳机理的实验研究 [J]. 煤炭学报, 1997, 22 (2)：144~148.

[37] 姜福兴，魏全德，王存文，等. 巨厚砾岩与逆冲断层控制型特厚煤层冲击地压机理分析

[J].煤炭学报,2014, 39 (7): 1191~1196.

[38] 姜福兴, 王平, 冯增强, 等. 复合型厚煤层"震-冲"型动力灾害机理、预测与控制 [J].煤炭学报,2009, 34 (2): 1606~1609.

[39] 张寅. 深部特厚煤层巷道冲击地压机理及防治研究 [D].徐州:中国矿业大学, 2010.

[40] 周英, 南华, 李化敏, 等. 特厚煤层分段综放开采动压机理与规律研究 [J].煤炭学报, 2004, 29 (4): 388~391.

[41] Ma Liqiang, Qiu Xiaoxiang, Dong Tao, et al. Huge thick conglomerate movement induced by full thick longwall mining huge thick coal seam [J]. International Journal of Mining Science and Technology,2012, 22 (3): 399~404.

[42] Campoli A A, Kertis C A, Goode C A. Coal mine bumps: Five case studies in the eastern U-nited States [M]. US Department of the Interior:Bureau of Mines, 1987.

[43] Dou L, Chen T, Gong S, et al. Rockburst hazard determination by using computed tomography technology in deep workface [J]. Safety Science, 2012, 50 (4): 736~740.

[44] 窦林名, 陆菜平, 牟宗龙, 等. 冲击矿压的强度弱化减冲理论及其应用 [J].煤炭学报, 2005, 30 (6): 690~694.

[45] Li Zhihua, Dou Linming, Lu Caiping, et al. Study on fault induced rock bursts [J]. J. China Univ. Mining & Technol. , 2008, 18 (3): 321~326.

[46] Li Zhenlei, Dou Linming, Cai Wu, et al. Investigation and analysis of the rock burst mechanism induced within fault-pillars [J]. International Journal of Rock Mechanics & Mining Sciences,2014, 70 (9): 192~200.

[47] Liu H, Dun C, Dou L, et al. Theoretical analysis of magnetic sensor output voltage [J]. Journal of Magnetism and Magnetic Materials,2011, 323 (12): 1667~1670.

[48] 窦林名, 陆菜平, 牟宗龙, 等. 组合煤岩冲击倾向性特性试验研究 [J].采矿与安全工程学报,2006, 23 (1): 43~46.

[49] Xu X, Dou L, Lu C, et al. Frequency spectrum analysis on micro-seismic signal of rock bursts induced by dynamic disturbance [J]. Mining Science and Technology (China), 2010, 20 (5): 682~685.

[50] Cai W, Dou L, Cao A, et al. Application of seismic velocity tomography in underground coal mines: A case study of Yima mining area, Henan, China [J]. Journal of Applied Geophysics, 2014, 109: 140~149.

[51] He H, Dou L, Fan J, et al. Deep-hole directional fracturing of thick hard roof for rockburst prevention [J]. Tunnelling and Underground Space Technology,2012, 32 (6): 34~43.

[52] Fan J, Dou L, He H, et al. Directional hydraulic fracturing to control hard-roof rockburst in coal mines [J]. International Journal of Mining Science and Technology, 2012, 22 (2): 177~181.

[53] 潘一山, 李忠华, 章梦涛. 我国冲击地压分布、类型、机理及防治研究 [J].岩石力学与工程学报,2003, 22 (11): 1844~1851.

[54] Pan Y, Wang X, Li Z. Analysis of the strain softening size effect for rock specimens based on

shear strain gradient plasticity theory ［J］. International Journal of Rock Mechanics and Mining Sciences,2002, 39 （6）：801~805.

［55］ Lv X, Pan Y, Xiao X, et al. Barrier formation of micro-crack interface and piezoelectric effect in coal and rock masses ［J］. International Journal of Rock Mechanics and Mining Sciences, 2013, 64 （12）：1~5.

［56］ 姜耀东, 赵毅鑫, 何满潮, 等. 冲击地压机制的细观实验研究 ［J］.岩石力学与工程学报,2007, 26 （5）：901~907.

［57］ Jiang Y, Wang H, Xue S, et al. Assessment and mitigation of coal bump risk during extraction of an island longwall panel ［J］. International Journal of Coal Geology,2012, 95 （2）：20~33.

［58］ Jiang Yaodong, Lv Yukai, Zhao Yixin, et al. Principal Component Analysis on Electromagnetic Radiation Rules while Fully Mechanized Coal Face Passing Through Fault ［J］. Procedia Environmental Sciences,2012, 12：751~757.

［59］ Jiang Y, Meng L, Zhao Y, et al. The feasibility research on ascending mining under the condition of multi-disturbances ［J］. Procedia Environmental Sciences,2012, 12：758~764.

［60］ Jiang Yaodong, Wang Hongwei, Zhao Yixin, et al. The influence of roadway backfill on bursting liability and strength of coal pillar by numerical investigation ［J］. Procedia Engineering,2011, 26 （4）：1126~1143.

［61］ Haramy K Y, McDonnell J P. Causes and control of coal mine bumps ［M］. US Department of the Interior:Bureau of Mines, 1988.

［62］ 潘俊锋, 宁宇, 毛德兵, 等. 煤矿开采冲击地压启动理论 ［J］.岩石力学与工程学报, 2012, 31 （3）：586~596.

［63］ 国家安全生产监督管理总局, 国家煤矿安全监察局. 煤矿安全规程 ［M］, 北京：煤炭工业出版社, 2016.

［64］ 于正兴, 姜福兴, 桂兵. 冲击地压危险性的宏观评价方法在"孤岛"工作面的应用 ［J］.矿业安全与环保,2011, 38 （5）：30~32.

［65］ 张志镇, 高峰, 许爱斌, 等. 冲击地压危险性的集对分析评价模型 ［J］.中国矿业大学学报,2011, 40 （3）：379~384.

［66］ 张开智, 夏均民. 冲击危险性综合评价的变权识别模型 ［J］.岩石力学与工程学报, 2004, 23 （20）：3480~3483.

［67］ 周健, 史秀志. 冲击地压危险性等级预测的 Fisher 判别分析方法 ［J］.煤炭学报,2010, 35 （1）：22~27.

［68］ 姜福兴, 王存文, 叶根喜, 等. 采煤工作面冲击地压发生的可能性评价方法研究 ［C］//2008 全国冲击地压研讨会论文集, 2008.

［69］ 姜福兴, 魏全德, 姚顺利, 等. 冲击地压防治关键理论与技术分析 ［J］.煤炭科学技术, 2013, 41 （6）：6~9.

［70］ 姜福兴, 舒凑先, 王存文. 基于应力叠加回采工作面冲击危险性评价 ［J］.岩石力学与工程学报,2015, 34 （12）：2428~2435.

［71］ 姜福兴, 冯宇, 刘晔. 采场回采前冲击危险性动态评估方法研究 ［J］.岩石力学与工程

学报,2014, 33 (10): 2101~2106.

[72] 姜福兴, 刘懿, 翟明华, 等. 基于应力与围岩分类的冲击地压危险性评价研究 [J]. 岩石力学与工程学报,2017, 36 (5): 1041~1052.

[73] 潘俊锋, 夏永学, 冯美华, 等. 影响冲击地压危险性评价结果的Ⅱ类开采技术因素研究 [J]. 岩土力学,2017 (S1): 367~373.

[74] Song Dazhao, Wang Enyuan, Li Nan, et al. Rock burst prevention based on dissipative structure theory [J]. International Journal of Mining Science and Technology,2012, 22 (2): 159~163.

[75] Gao Mingshi, Dou Linming, Xie Yaoshe, et al. Latest progress on study of stability control of roadway surrounding rocks subjected to rock burst [J]. Procedia Earth and Planetary Science, 2009, 1 (1): 409~413.

[76] 鞠文君. 急倾斜特厚煤层水平分层开采巷道冲击地压成因与防治技术研究 [D]. 北京: 北京交通大学, 2009.

[77] 舒凌先, 魏全德, 刘涛, 等. 强冲击厚煤层上保护层尖灭区域冲击地压防治技术 [J]. 煤矿安全,2017, 48 (6): 87~89.

[78] 窦林名, 何烨, 张卫东. 孤岛工作面冲击矿压危险及其控制 [J]. 岩石力学与工程学报, 2003, 22 (11): 1866~1869.

[79] 姜福兴, 杨光宇, 魏全德, 等. 煤矿复合动力灾害危险性实时预警平台研究与展望[J]. 煤炭学报,2018, 43 (2): 333~339.

[80] 姜福兴, 曲效成, 王颜亮, 等. 基于云计算的煤矿冲击地压监控预警技术研究 [J]. 煤炭科学技术,2018, 46 (1): 199~206.

[81] 宋维源, 潘一山. 煤层注水防治冲击地压的机理及应用 [M]. 沈阳:东北大学出版社, 2009.

[82] Chen Guoxiang, Dou Linming, Xu Xing. Research on prevention of rock burst with relieving shot in roof [J]. Procedia Engineering,2012, 45 (2): 904~909.

[83] 周晓军. 微差松动爆破在煤矿冲击地压防治中的应用 [J]. 西部探矿工程,1999, 11 (3): 76~79.

[84] 周立春, 魏全德, 杜建鹏. 煤层钻孔 "双低" 防冲机理及应用 [J]. 煤矿安全,2014, 45 (9): 158~161.

[85] 杜涛涛, 窦林名, 蓝航. 定向水力致裂防冲原理数值模拟研究 [J]. 西安科技大学学报, 2012, 32 (4): 444~449.

[86] 孙兴林, 窦林名, 张士斌, 等. 水力致裂弱化坚硬顶板现场试验研究 [J]. 煤矿安全, 2011, 42 (5): 16~19.

[87] Wang Zhiqiang, Zhao Jingli, Feng Ruimin, et al. Analysis and optimizations on retreating mining measures of rock burst prevention on steeply dipping thick coal seam in deep exploitation [J]. Procedia Engineering,2011, 26: 794~802.

[88] Manoj K, Singh T N. Prediction of blast-induced ground vibration using artificial neural network [J]. International Journal of Rock Mechanics and Mining Sciences, 2009, 46 (7):

1214~1222.

[89] 付东波, 齐庆新, 秦海涛, 等. 采动应力监测系统的设计 [J]. 煤矿开采, 2009, 14 (6): 13~16.

[90] Cengiz K. The importance of site-specific characters in prediction models for blast-induced ground vibrations [J]. Soil Dynamics and Earthquake Engineering, 2008, 28 (5): 405~414.

[91] 陆菜平, 窦林名, 王耀峰, 等. 坚硬顶板诱发煤体冲击破坏的微震效应 [J]. 地球物理学报, 2010, 53 (2): 450~456.

[92] 姜福兴, 杨淑华, 成云海, 等. 煤矿冲击地压的微地震监测研究 [J]. 地球物理学报, 2006, 49 (5): 1511~1516.

[93] Kuzu C, Fisne A, Ercelebi S G. Operational and geological parameters in the assessing blast in-duced airblast-overpressure in quarries [J]. Applied Acoustics, 2009, 70 (3): 404~411.

[94] 姜福兴, 杨淑华. 微地震监测揭示的采场围岩空间破裂形态 [J]. 煤炭学报, 2003, 28 (4): 357~360.

[95] Gu S T, Wang C Q, Jiang B Y, et al. Field test of rock burst danger based on drilling pulver-ized coal parameters [J], Disaster Adv., 2012, 5 (4): 237~240.

[96] 齐庆新, 李首滨, 王淑坤. 地音监测技术及其在矿压监测中的应用研究 [J]. 煤炭学报, 1994, 19 (3): 221~232.

[97] 贺虎, 窦林名, 巩思园, 等. 冲击矿压的声发射监测技术研究 [J]. 岩土力学, 2011, 32 (4): 1262~1268.

[98] 王恩元, 刘忠辉, 刘贞堂, 等. 受载煤体表面电位效应的实验研究 [J]. 地球物理学报, 2009, 52 (5): 1318~1325.

[99] He X Q, Chen W X, Nie B S, et al. Electromagnetic emission theory and its application to dy-namic phenomena in coal-rock [J]. Int. J. Rock Mech. Min. Sci., 2011, 48 (8): 1352~1358.

[100] 窦林名, 何学秋, 王恩元. 冲击矿压预测的电磁辐射技术及应用 [J]. 煤炭学报, 2004, 29 (4): 396~399.

[101] Mehdi S C, Ghodrat K, Mariusz Z. Numerical analysis of blast-induced wave propagation using FSI and ALE multi-material formulations [J]. International Journal of Impact Engineering, 2009, 36 (10): 1269~1275.

[102] Dou Linming, Lu Caiping, Mu Zonglong, et al. Prevention and forecasting of rock burst haz-ards in coal mines [J]. Mining Science and Technology, 2009, 19 (5): 585~591.

[103] 王书文, 毛德兵, 杜涛涛, 等. 基于地震CT技术的冲击危险性评价模型 [J]. 煤炭学报, 2012, 37 (S1): 1~6.

[104] 窦林名, 蔡武, 巩思园, 等. 冲击危险性动态预测的震动CT技术研究 [J]. 煤炭学报, 2014, 39 (2): 238~244.

[105] He Hu, Dou Linming, Li Xuwei, et al. Active velocity tomography for assessing rock burst hazards in a kilometer deep mine [J]. Mining Science and Technology (China), 2011, 21 (5): 673~676.

[106] 施龙青，翟培合，魏久传，等. 顶板突水对冲击地压的影响 [J].煤炭学报,2009, 34 (1)：44~49.

[107] 景继东，施龙青，李子林，等. 华丰煤矿顶板突水机理研究 [J].中国矿业大学学报, 2006, 35 (5)：642~647.

[108] 史先锋. 复杂条件下特厚冲击煤层动力灾害防治研究 [D].北京:北京科技大学, 2017.

[109] 汤连生，王思敬. 水-岩化学作用对岩体变形破坏力学效应研究进展 [J].地球科学进展,1999, 14 (5)：433~439.

[110] 汤连生，王思敬. 岩石水化学损伤的机理及量化方法探讨 [J].岩石力学与工程学报, 2002, 21 (3)：314~319.

[111] 李炳乾. 地下水对岩石的物理作用 [J].地震地质译丛,1995 (5)：32~37.

[112] 苗胜军，蔡美峰，冀东，等. 酸性化学溶液作用下花岗岩损伤时效特征与机理 [J].煤炭学报,2016, 41 (5)：1137~1144.

[113] 乔丽苹，刘建，冯夏庭. 砂岩水物理化学损伤机制研究 [J].岩石力学与工程学报, 2007, 26 (10)：2117~2124.

[114] 王艳磊，唐建新，江君，等. 水-岩化学作用下灰砂岩的力学特性与参数损伤效应 [J].煤炭学报,2017, 42 (1)：227~235.

[115] 刘建，乔丽苹，李鹏. 砂岩弹塑性力学特性的水物理化学作用效应——试验研究与本构模型 [J].岩石力学与工程学报,2009, 28 (1)：20~29.

[116] 苗胜军，蔡美峰，冀东，等. 酸性化学溶液作用下花岗岩力学特性与参数损伤效应 [J].煤炭学报,2016, 41 (4)：829~835.

[117] 夏冬，杨天鸿，徐涛，等. 浸水时间对饱水岩石损伤破坏过程中声发射特征影响的试验 [J].煤炭学报,2015, 40 (S2)：337~345.

[118] 李学来，胡敬东. 高效综采发展趋势与重大装备关键技术分析 [J].煤,2005, 14 (3)：1~5.

[119] 贺安民. 综采工作面回撤"辅巷多通道"工艺设计的应用 [J].煤炭工程,2007 (10)：5~6.

[120] 张国祥. 大采高综采工作面单通道搬家技术 [J].煤炭科学技术,2008, 36 (9)：17~18.

[121] 翁海龙. 预掘单回撤通道在保德煤矿综放工作面的应用 [J].陕西煤炭, 2017, 36 (1)：130~132.

[122] 徐金海，缪协兴，卢爱红，等. 收作眼围岩稳定性分析与支护技术研究 [J].中国矿业大学学报,2003, 32 (5)：16~20.

[123] 徐金海，缪协兴，浦海，等. 综放工作面收作眼合理位置确定与稳定性分析 [J].岩石力学与工程学报,2004, 23 (12)：1981~1985.

[124] 曹胜根，刘长友，韩强，等. 综放面合理停采线位置的确定 [J].矿山压力与顶板管理,1998 (4)：60~62.

[125] 谷拴成，王博楠，黄荣宾，等. 综采面末采段回撤通道煤柱荷载与宽度确定方法 [J].中国矿业大学学报,2015, 44 (6)：990~995.

［126］ 谷拴成，黄荣宾，李金华，等．工作面贯通前矿压调整时剩余煤柱稳定性分析［J］．采矿与安全工程学报，2017，34（1）：60~66.

［127］ 吕华文．预掘回撤通道稳定性机理分析及应用［J］．煤炭学报，2014，39（S1）：50~56.

［128］ 彭苏萍，谢和平，何满潮，等．沉积相变岩体声波速度特征的试验研究［J］．岩石力学与工程学报，2005，24（16）：2831~2837.

［129］ 刘金海，姜福兴，王乃国．深厚表土长大综放工作面顶板运动灾害控制［M］．北京：科学出版社，2013.

［130］ Zhu Sitao, Feng Yu, Jiang Fuxing. Determination of abutment pressure in coal mines with extremely thick alluvium stratum: A typical kind of rockburst mines in China［J］. Rock Mechanics & Rock Engineering, 2016, 49（5）：1943~1952.

［131］ Wang Jiangchao, Jiang Fuxing, Meng Xiangjun, et al. Mechanism of rock burst occurrence in specially thick coal seam with rock parting［J］. Rock Mechanics & Rock Engineering, 2016, 49（5）：1953~1965.

［132］ 陈卫忠，吕森鹏，郭小红，等．基于能量原理的卸围压试验与岩爆判据研究［J］．岩石力学与工程学报，2009，28（8）：1530~1540.

［133］ 王玉刚．褶皱附近冲击矿压规律及其控制研究［D］．徐州：中国矿业大学，2008.

［134］ 陈国祥，郭兵兵，窦林名．褶皱区工作面开采布置与冲击地压的关系探讨［J］．煤炭科学技术，2010，38（10）：27~30.

［135］ 侯玮，霍海鹰．"C"型覆岩空间结构采场岩层运动规律及动压致灾机制［J］．煤炭学报，2012，37（S2）：269~274.

［136］ 王存文，姜福兴，孙庆国，等．基于覆岩空间结构理论的冲击地压预测技术及应用［J］．煤炭学报，2009，34（2）：150~155.

［137］ 朱卫兵，任冬冬，陈梦．神东矿区回撤阶段调节巷适用的合理埋深研究［J］．采矿与安全工程学报，2015，32（2）：279~284.

［138］ 舒凑先，朱权洁，魏全德，等．上解放层开采对综放工作面回采巷道稳定性的影响分析［J］．煤矿安全，2014，45（1）：192~195.

［139］ 陈炎光，陆士良．中国煤矿巷道围岩控制［M］．徐州：中国矿业大学出版社，1994.

［140］ 朱斯陶，姜福兴，史先锋，等．防冲钻孔参数确定的能量耗散指数法［J］．岩土力学，2015，36（8）：2270~2276.

［141］ 刘金海，姜福兴，孙广京，等．强排煤粉防治冲击地压的机制与应用［J］．岩石力学与工程学报，2014，33（4）：747~754.